"十四五"职业教育国家规划教材

江苏省
高等职

U0688882

计算机应用基础

习题与实验教程

（Windows 10+ Office 2016）

第 3 版

Exercises and Experimental
Course of Computer Basic
Application

李畅 | 主编

方鹏 张颖 | 副主编

人民邮电出版社
北 京

图书在版编目（CIP）数据

计算机应用基础习题与实验教程：Windows 10+Office 2016 / 李畅主编. -- 3版. -- 北京：人民邮电出版社，2025. --（高等职业院校信息技术基础系列教材）. -- ISBN 978-7-115-67388-6

Ⅰ. TP316.7；TP317.1

中国国家版本馆 CIP 数据核字第 2025K9Y879 号

内 容 提 要

本书是《计算机应用基础（Windows 10+Office 2016）（第 3 版）》的配套教材。全书共两篇，上篇为理论知识训练，下篇为上机操作实践与指导。上篇分为 6 个学习单元，学习单元 1 为计算机认知基础知识，学习单元 2 为计算机操作系统——中文版 Windows 10 的应用基础知识，学习单元 3 为信息处理与编排——Microsoft Word 2016 的应用基础知识，学习单元 4 为信息统计与分析——Microsoft Excel 2016 的应用基础知识，学习单元 5 为信息展示与发布——Microsoft PowerPoint 2016 的应用基础知识，学习单元 6 为计算机网络与应用的基础知识。下篇也分为 6 个学习单元，学习单元 1 为计算机认知的应用操作，学习单元 2 为中文版 Windows 10 的应用操作，学习单元 3 为 Microsoft Word 2016 的应用操作，学习单元 4 为 Microsoft Excel 2016 的应用操作，学习单元 5 为 Microsoft PowerPoint 2016 的应用操作，学习单元 6 为计算机网络与应用的应用操作。

本书可作为高职高专院校各专业计算机应用基础课程的教材，也可作为全国计算机等级考试（一级）的培训教材和自学教材。

◆ 主　编　李　畅

　　副主编　方　鹏　张　颖

　　责任编辑　郭　雯

　　责任印制　王　郁　焦志炜

◆ 人民邮电出版社出版发行　　北京市丰台区成寿寺路 11 号

　　邮编　100164　电子邮件　315@ptpress.com.cn

　　网址　https://www.ptpress.com.cn

　　三河市君旺印务有限公司印刷

◆ 开本：787×1092　1/16

　　印张：10.5　　　　　　　　　　2025 年 8 月第 3 版

　　字数：238 千字　　　　　　　　2025 年 8 月河北第 1 次印刷

定价：39.80 元

读者服务热线：(010)81055256　印装质量热线：(010)81055316

反盗版热线：(010)81055315

前　言

　　计算机应用基础是一门实践性很强的课程，该课程的教学目标是让学生熟练掌握计算机办公应用等方面的技能。要加强计算机应用能力，多练、勤练是一种很有效的方法，本书为此提供了理论知识训练和上机操作实践与指导两个部分。本书是与《计算机应用基础（Windows 10+Office 2016）（第 3 版）》配套的习题与实验指导书，涵盖全国计算机等级考试（NCRE）一级计算机基础及 MS Office 应用考试大纲中要求掌握的内容。

　　本书的上篇为理论知识训练，每个学习单元都包括单项选择题、填空题、判断题 3 种题型，供读者学习参考。

　　本书的下篇为上机操作实践与指导，每个学习单元的实验都包括实验目的和实验内容，部分实验包括综合实践。综合实践中的题目可要求学生选做一部分，其余的可安排为课外练习。

　　本书由李畅任主编，方鹏、张颖任副主编。

　　由于编者水平有限，加之计算机应用发展迅速，书中难免存在疏漏和不足之处，恳请广大读者指正。

编　者

2024 年 12 月

目 录

上篇 理论知识训练

下篇 上机操作实践与指导

上篇
理论知识训练

学习单元1
计算机认知基础知识

【单项选择题】

1. 世界上第一台通用电子数字计算机是在（　　）年诞生的。
   A. 1943　　　　　　　B. 1946　　　　　　　C. 1936　　　　　　　D. 1948

2. 新一代计算机最突出的特点是（　　）。
   A. 采用大规模集成电路　　　　　　B. 具有智能
   C. 具有超高速　　　　　　　　　　D. 能理解自然语言

3. 计算机能够直接运行的程序是（　　）。
   A. 应用软件　　　　B. 机器语言程序　　　C. 源程序　　　　D. 汇编语言程序

4. 计算机数据处理指的是（　　）。
   A. 数据的输入和输出
   B. 数据的计算
   C. 数据的收集、加工、存储和传送的过程
   D. 数据库

5. 在微型计算机系统中，数据存取速度最快的是（　　）。
   A. 硬盘　　　　　　B. 内存　　　　　　C. 软盘　　　　　　D. CD-ROM

6. 最先实现存储程序的计算机是（　　）。
   A. ENIAC　　　　　B. ADVAC　　　　　C. EDSAC　　　　　D. UNIVAC

7. 计算机用于水电站厂房的设计属于计算机（　　）应用。
   A. 自动控制　　　　B. 辅助设计　　　　C. 数值计算　　　　D. 人工智能

8. 根据计算机所采用的逻辑元件，目前计算机所处的时代是（　　）。
   A. 电子管　　　　　　　　　　　　B. 集成电路
   C. 晶体管　　　　　　　　　　　　D. 超大规模集成电路

9. 计算机应用最早的领域是（　　）。
   A. 辅助设计　　　　B. 实时处理　　　　C. 信息处理　　　　D. 数值计算

10. 下列软件中只有（　　）属于系统软件。
    A. C++　　　　　　B. Windows 10　　　C. Access　　　　D. IE 浏览器

11. 下列软件不属于操作系统的是（　　　）。

    A. Word   B. Windows 10   C. DOS   D. Linux

12. 就其工作原理而言，当代计算机都基于美籍匈牙利数学家（　　　）提出的存储程序控制原理。

    A. 图灵   B. 牛顿   C. 布尔   D. 冯·诺依曼

13. 计算机目前常应用于财务管理、数据统计、办公自动化、情报检索等领域，这些领域可归结为（　　　）领域。

    A. 辅助设计   B. 实时控制   C. 科学计算   D. 数据处理

14. 计算机发展经历了 4 代，划分"代"的主要依据是计算机的（　　　）。

    A. 运算速度   B. 应用范围   C. 功能   D. 主要逻辑元件

15. 计算机辅助设计英文缩写为（　　　）。

    A. CAD   B. CAM   C. CAX   D. CAT

16. 计算机能直接处理的语言是由 0 和 1 所汇编而成的语言，属于（　　　）。

    A. 汇编语言   B. 公共语言   C. 机器语言   D. 高级语言

17. 二进制数 10100101 转换为十六进制数是（　　　）。

    A. 105   B. 95   C. 125   D. A5

18. 十进制数 215 转换为八进制数是（　　　）。

    A. 327   B. 268.75   C. 353   D. 326

19. 二进制数 000101101101.111101 转换为十六进制数是（　　　）。

    A. 16D.73   B. 16.F4   C. 16D.F4   D. 323.22

20. 若采用 8 位二进制数补码方式表示整数，则可表示的最大整数是（　　　）。

    A. 256   B. 127   C. 255   D. 128

21. 计算机中的字符常用（　　　）编码方式表示。

    A. ASCII   B. 二进制   C. 五笔字型   D. 拼音

22. ASCII 的含义是（　　　）。

    A. 二进制编码   B. 常用的字符编码

    C. 美国信息交换标准代码   D. 汉字国标码

23. 下列 4 个数中最大的数是（　　　）。

    A. 十进制数 1789   B. 十六进制数 1FH

    C. 二进制数 10100001   D. 八进制数 227

24. 已知大写字母 B 的 ASCII 的十进制表示是 66，则大写字母 Y 的 ASCII 的十六进制表示是（　　　）。

    A. 7A   B. 69   C. 59   D. 5A

25. 基本 ASCII 是由 7 位（　　　）代码表示的。

    A. 八进制   B. 十进制   C. 二进制   D. 十六进制

26. CAM 是计算机应用领域中的一种，其含义是（   ）。

    A. 计算机辅助设计   B. 计算机辅助制造

    C. 计算机辅助教学   D. 计算机辅助测试

27. 计算机的硬件系统主要包括运算器、控制器、输入/输出设备和（   ）。

    A. 内存   B. 磁盘   C. 光盘   D. 存储器

28. 下列字符中 ASCII 的值最小的是（   ）。

    A. a   B. B   C. R   D. z

29. 中央处理器主要包括（   ）。

    A. 内存和控制器   B. 内存和运算器

    C. 运算器和控制器   D. 存储器、运算器和控制器

30. 在计算机中，运算器的主要功能是进行（   ）。

    A. 算术运算   B. 逻辑运算

    C. 算术运算和逻辑运算   D. 信息处理

31. 计算机的存储系统一般指（   ）。

    A. RAM 和 ROM   B. 硬件和软件

    C. 内存和外存   D. 驱动器和盘片

32. CPU 的含义是（   ）。

    A. 运算器   B. 控制器   C. 中央处理器   D. 内存

33. 计算机的 CPU 每执行一个（   ），表示完成一步基本运算或判断。

    A. 语句   B. 指令   C. 程序   D. 软件

34. 在计算机中，微处理器的主要功能是进行（   ）。

    A. 算术运算   B. 逻辑运算

    C. 算术运算及逻辑运算   D. 运算及控制

35. 计算机断电后，（   ）内的数据会全部丢失。

    A. ROM   B. RAM   C. 硬盘   D. 软盘

36. 内存与光盘相比，主要差别是（   ）。

    A. 存取速度快、容量小   B. 存取速度快、容量大

    C. 存取速度慢、容量大   D. 存取速度慢、容量小

37. 内存中每一个存储单元都被赋予一个编号，这个编号被称为（   ）。

    A. 地址   B. 字节   C. 序号   D. 容量

38. 目前，计算机所用的（系统）总线标准有多种，以下选项不属于总线标准的是（   ）。

    A. ISA   B. VESA   C. VGA   D. PCI

39. 计算机的硬件系统由主机和（   ）组成。

    A. 打印机   B. 外部设备   C. 显示器   D. 存储器

40. GB 是计算机的存储容量单位，1GB 等于（　　）字节。

    A. 2^{10}　　　　　　B. 2^{20}　　　　　　C. 2^{30}　　　　　　D. 2^{16}

41. 通常，一张 1.44MB 的软盘大约可以存放（　　）个汉字。

    A. 120 万　　　　　B. 72 万　　　　　　C. 18 万　　　　　　D. 60 万

42. 下列关于光盘优点的说法中，（　　）是错误的。

    A. 记录密度高　　　　　　　　　　　　　B. 有各种类型的光盘

    C. 存储容量比软盘大　　　　　　　　　　D. 存储容量比软盘小

43. 计算机硬件系统中地址总线的宽度对（　　）影响最大。

    A. 存储器的访问速度　　　　　　　　　　B. 可访问存储器的空间大小

    C. 存储器的字长　　　　　　　　　　　　D. 存储器的稳定性

44. 1 个字节的二进制数的位数为（　　）。

    A. 1　　　　　　　　B. 2　　　　　　　　C. 4　　　　　　　　D. 8

45. 硬盘的存储容量比软盘的存储容量（　　）。

    A. 差不多　　　　　　B. 大得多　　　　　　C. 小得多　　　　　　D. 小一些

46. 目前使用的 CD-ROM 是（　　）。

    A. 只读型　　　　　　B. 一次写入型　　　　C. 可抹型　　　　　　D. 读写型

47. I/O 的含义是（　　）。

    A. 读写存储器　　　　B. 操作系统　　　　　C. 输入/输出　　　　　D. 接口电路

48. 下列设备中不能作为输入设备的是（　　）。

    A. 鼠标　　　　　　　B. 显示器　　　　　　C. 键盘　　　　　　　D. 扫描仪

49. 下列设备中不能作为输出设备是（　　）。

    A. 键盘　　　　　　　B. 打印机　　　　　　C. 显示器　　　　　　D. 绘图仪

50. CGA、VGA、EGA 是（　　）。

    A. 计算机型号　　　　B. 打印机型号　　　　C. 显示标准　　　　　D. 显示器型号

51. 计算机的主要性能指标包括（　　）。

    A. 字长、内存、外部设备配置、软件配置

    B. 主频、内存、外部设备配置、软件配置

    C. 主频、字长、内存、外部设备配置、软件配置

    D. 字长、内存、外部设备配置、磁盘、软件配置

52. 80486 是 32 位处理器，"32 位"指（　　）。

    A. 速度　　　　　　　B. 字长　　　　　　　C. 容量　　　　　　　D. 二进制位

53. 一张 CD-ROM 光盘的容量一般为（　　）。

    A. 1.44MB　　　　　B. 1GB　　　　　　　C. 650MB　　　　　　D. 40GB

54. 在计算机中，程序主要存放在（　　）中。

    A. 键盘   B. 存储器   C. 微处理器   D. CPU

55. 软盘若进行写保护，则（   ）。

    A. 文件能存入，也能取出   B. 文件能存入，但不能取出

    C. 文件不能存入，但能取出   D. 文件不能存入，也不能取出

56. 微型计算机中的 I/O 接口卡位于（   ）之间。

    A. CPU 与外部设备   B. 内存与外存

    C. 总线与外部设备   D. 输入设备与输出设备

57. 硬盘的读写速度比软盘快得多，以下对于硬盘描述妥当的是（   ）。

    A. 容量大   B. 体积大   C. 不会损坏   D. 容量太小

58. 多媒体信息不包括（   ）。

    A. 文字、图形   B. 声音、图像   C. 动画、电影   D. 光盘、声卡

59. 在表示存储器的容量时，一般以 MB 作为单位，其准确的含义是（   ）。

    A. 1024KB   B. 1024 万   C. 1m   D. 1024B

60. 计算机中用于连接 CPU、内存、I/O 设备等部件的设备是（   ）。

    A. 地址线   B. 总线   C. 控制线   D. 数据线

61. 以下设备分别是输入设备、输出设备和存储设备的为（   ）。

    A. 鼠标、绘图仪、光盘   B. 磁盘、鼠标和键盘

    C. CRT 显示器、CPU、ROM   D. 磁带、打印机、激光打印机

62. 系统总线上的信号包括（   ）。

    A. 地址信号   B. 数据信号、控制信号

    C. 控制信号   D. 数据信号、控制信号、地址信号

63. 下列存储器存取数据的速率由高到低排列的是（   ）。

    A. 内存、Cache、外存   B. Cache、内存、外存

    C. Cache、外存、内存   D. 内存、外存、Cache

64. CD-ROM 光盘在 CD-ROM 驱动器上（   ）。

    A. 能读能写   B. 只能写入

    C. 只能读出   D. 不能写入，但能修改

65. 计算机的运算精度通常取决于（   ）。

    A. 计算机的内存容量   B. 计算机的硬盘容量

    C. 计算机的字长   D. 计算机的程序

66. 3.5 英寸（8.89 厘米）软盘的写保护窗口上有一个滑块，将滑块推向一侧，使写保护窗口暴露出来，此时，该软盘（   ）。

    A. 只能写，不能读   B. 只能读，不能写

    C. 既能读，又能写   D. 不能读，也不能写

67. 在计算机中，LCD 指（　　）。

    A. 终端显示器　　　　B. 液晶显示器　　　C. 图像控制器　　　D. 无此种设备

68. bit 的含义是（　　）。

    A. 二进制位　　　　　B. 字　　　　　　　C. 字节　　　　　　D. 其他

69. 关于 Caps Lock 键，下列说法中正确的是（　　）。

    A. 当"Caps Lock"指示灯亮着的时候，按主键盘上的数字键可输入其上部的特殊字符

    B. 当"Caps Lock"指示灯亮着的时候，按字母键可输入大写字母

    C. Caps Lock 键与 Alt+Delete 快捷键结合使用可实现计算机热启动

    D. 以上都不正确

70. 下述打印机中，打印质量最好的是（　　）。

    A. 针式打印机　　　　B. 激光打印机　　　C. 喷墨打印机　　　D. 打印质量都一样

71. 通过数字摄像机，人们可以利用网络终端召开视频会议，此时数字摄像机属于（　　）。

    A. 中央处理器　　　　B. 外存　　　　　　C. 输入设备　　　　D. 输出设备

72. 光驱的倍速越大，（　　）。

    A. 数据传输速率越快　　　　　　　　　　B. 纠错能力越强

    C. 支持的光盘容量越大　　　　　　　　　D. 以上说法都正确

73. 下列描述中错误的是（　　）。

    A. 计算机要经常使用，不要长期闲置不用

    B. 为了延长计算机的使用寿命，应避免频繁开关计算机

    C. 在计算机附近应避免磁场干扰

    D. 计算机使用几小时后，应关机一会儿再用

74. 一般用户最重视的显示器指标是（　　）。

    A. 对比度　　　　　　B. 分辨率　　　　　C. 亮度　　　　　　D. 程序

75. 以下不属于计算机病毒特点的是（　　）。

    A. 传染性　　　　　　B. 破坏性　　　　　C. 免疫性　　　　　D. 寄生性

76. 下列因素中，对计算机工作影响最小的是（　　）。

    A. 灰尘　　　　　　　B. 噪声　　　　　　C. 温度　　　　　　D. 湿度

77. 为降低病毒对计算机系统的损害，应（　　）。

    A. 不运行来历不明的软件　　　　　　　　B. 尽可能使用干净的软盘启动计算机

    C. 将文档保存在系统盘中　　　　　　　　D. 不使用没有写保护的软盘或闪存产品

78. （　　）键是上挡键，主要用于辅助输入上挡字符。

    A. Shift　　　　　　　B. Ctrl　　　　　　C. Alt　　　　　　　D. Tab

79. 按（　　）键之后，可以删除光标位置前的一个字符。

    A. Insert　　　　　　B. Delete　　　　　C. Backspace　　　D. Esc

80. 下面关于显示器的描述中，错误的是（　　　）。

    A. 显示器的分辨率与微处理器的型号有关

    B. 显示器的分辨率为 1024px×768px，表示屏幕水平方向每行有 1024 个点，垂直方向每列有 768 个点

    C. 显卡是显示系统的一部分，显卡的存储容量与显示质量密切相关

    D. 像素是显示屏上能独立赋予颜色和亮度的最小单位

81. 在纯中文状态下，一个字符占（　　　）个字节。

    A. 1　　　　　　　　　B. 2　　　　　　　　　C. 4　　　　　　　　　D. 40

82. 汉字信息处理系统的特点是（　　　）。

    A. 与英文 DOS 一样　　　　　　　　　B. 具有汉字信息的处理功能

    C. 是最早使用的操作系统　　　　　　　D. 具有文件处理功能

83. 汉字信息处理的 3 个阶段是（　　　）。

    A. 输入、加工和输出　　　　　　　　　B. 输入、转换和排序

    C. 输入、排序和输出　　　　　　　　　D. 加工、输出和处理

84. 按（　　　）快捷键可进行全角/半角切换。

    A. Ctrl+Space　　　B. Shift+Space　　　C. Ctrl+Shift　　　D. Alt+Space

85. 用于汉字信息处理系统之间或通信系统之间进行信息交换的汉字代码称为（　　　）。

    A. 汉字输入码　　　B. 汉字交换码　　　C. 汉字输出码　　　D. 汉字字形码

86. 汉字国标码（GB 2312—1980）将汉字分成（　　　）等级。

    A. 简化字和繁体字两个　　　　　　　　B. 一级汉字、二级汉字、三级汉字 3 个

    C. 一级汉字、二级汉字两个　　　　　　D. 常用字、次常用字、罕见字 3 个

87. 从本质上讲，国标码属于（　　　）。

    A. 拼音码　　　　　B. 机内码　　　　　C. 交换码　　　　　D. 字形码

88. 为方便人工通过键盘输入汉字而设计的代码称为（　　　）。

    A. 机内码　　　　　B. 五笔字型码　　　C. 拼音码　　　　　D. 输入码

89. 采用 16×16 点阵来表示汉字的字形，共需要使用（　　　）个字节。

    A. 16×1　　　　　　B. 16×2　　　　　　C. 16×3　　　　　　D. 16×4

90. 汉字交换码又称为（　　　）。

    A. 输入码　　　　　B. 机内码　　　　　C. 国标码　　　　　D. 输出码

91. 添加新的中文输入法的操作是在（　　　）窗口中进行的。

    A. Windows 设置　　　　　　　　　　　B. 此电脑

    C. 文件资源管理器　　　　　　　　　　D. 写字板

92. 计算机键盘上的 Backspace 键称为（　　　）。

    A. 控制键　　　　　B. 上挡键　　　　　C. 退格键　　　　　D. 换行键

93. 当需要输入一些符号时，可使用（　　）。

    A. 区位码　　　　　　B. 拼音码　　　　　　C. 自然码　　　　　　D. 五笔字型码

94. 输入法相关设置任务一般是在（　　）的对话框中进行的。

    A. 文字服务和输入语言　　　　　　　　B. 输入法

    C. 控制面板　　　　　　　　　　　　　D. 语言栏

95. 使用五笔字型输入法，当不知道该输入什么字母时，可以使用（　　）键进行查询。

    A. ?　　　　　　　　　B. Z　　　　　　　　　C. *　　　　　　　　　D. #

96. 汉字输入法中，（　　）是无重码的。

    A. 五笔字型输入法　　　　　　　　　　B. 智能 ABC 输入法

    C. 区位码输入法　　　　　　　　　　　D. 全拼输入法

97. 同一大小的不同字形（如仿宋、楷体、黑体等），其（　　）码不同。

    A. 输出　　　　　　　　B. 字形　　　　　　　C. 流水　　　　　　　D. 输入

98. 重码是指同一个编码对应（　　）个汉字。

    A. 多　　　　　　　　　B. 3　　　　　　　　　C. 2　　　　　　　　　D. 5

99. （　　）、区位码、国标码都是流水码。

    A. 电报码　　　　　　　B. 五笔字型码　　　　C. 拼音码　　　　　　D. 自然码

100. 五笔字型码属于（　　）。

    A. 自然码　　　　　　　B. 双拼码　　　　　　C. 全拼码　　　　　　D. 形码

101. 汉字国标码（GB 2312—1980）中的汉字共有（　　）个。

    A. 3755　　　　　　　　B. 3008　　　　　　　C. 6763　　　　　　　D. 7445

102. 通常汉字信息的输入可采用（　　）。

    A. 五笔字型输入　　　B. 拼音输入　　　　　C. 手写输入　　　　　D. 以上方式均可以

103. 汉字字库或汉字字模库简称（　　）。

    A. 汉字库　　　　　　　B. 软库　　　　　　　C. 硬库　　　　　　　D. 字典

104. "王""亻"在五笔字型输入法中是（　　）。

    A. 偏旁　　　　　　　　B. 部首　　　　　　　C. 字根　　　　　　　D. 笔画

105. 使用拼音输入法或五笔字型输入法输入单个汉字时，使用的字母键必须是（　　）。

    A. 大写　　　　　　　　　　　　　　　　B. 小写

    C. 大写或者小写　　　　　　　　　　　D. 大写与小写混合使用

【填空题】

1. 在计算机应用领域中，CAM 是指（　　）。

2. 财务管理属于计算机（　　）应用领域。

3. 世界上公认的第一台通用电子数字计算机诞生在（　　）（国家）。

4. 世界上公认的第一台通用电子数字计算机的逻辑元件是（　　）。

5. 十进制数 241 转换为二进制数是（　　　），转换为十六进制数是（　　　）。

6. 计算机的时钟频率单位为（　　　）。

7. 十进制数 512 转换为八进制数是（　　　）。

8. 有符号数的原码、补码和反码表示中，能唯一表示正零和负零的是（　　　）。

9. 在微型计算机中，汉字机内码采用高位置 1 的双字节方案，主要是为了避免与（　　　）混淆。

10. 计算机的基本门电路包括（　　　）、（　　　）、（　　　）。

11. 在微型计算机中，磁盘连同其驱动器构成的系统一般称为（　　　）。

12. 显示器的 Pitch（点距）显示分辨率为 0.25，其含义是每两个（　　　）中心点之间的距离为 0.25mm。

13. 目前常用的光盘是 CD-ROM，这里 ROM 的含义是（　　　）。

14. 在计算机存储系统中，CPU 只取不存的存储器是（　　　）。

15. 打印机属于（　　　）设备。

16. 一幅 256 色 640px×480px 中等分辨率的彩色图像，若没有压缩，则至少需要（　　　）的存储空间（保留整数）。

17. 将计算机中的数据存储到磁盘上，称为（　　　）。

18. 计算机是由 CPU、（　　　）、输入设备、输出设备构成的。

19. 计算机硬件系统由 5 个部分组成，其中提供各部件之间相互交换各种信息通道的是（　　　）。

20. 计算机所能辨认的最小信息单位是（　　　）。

21. 在 I/O 设备中，显示器是计算机的（　　　）设备。

22. 计算机软件是指在计算机硬件上运行的各种程序以及（　　　）。

23. 字符串"大学 COMPUTER 文化基础"（双引号除外）占用的字节数是（　　　）。

24. 根据 ASCII 编码原理，现要对 50 个字符进行编码，至少需要（　　　）个二进制位。

25. 现代微型计算机的内存都采用了内存条，使用时将它们插在（　　　）上的插槽中。

26. 十六进制数 A25F 与十进制数 2002 的和是（　　　）H。

27. 十进制数 183.8125 对应的二进制数是（　　　）。

28. 计算机内存分为 ROM 和 RAM，其中，存放在 RAM 上的信息将随着断电而消失，因此在关机前，应将信息保存在（　　　）中。

29. 具有及时性和高可靠性的操作系统是（　　　）。

30. 根据病毒的传染途径可将病毒分为操作系统病毒、文件型病毒、网络型病毒 3 种。其中，文件型病毒往往附在 COM 文件和（　　　）文件中，当运行这些文件时，会激活病毒且病毒会常驻内存。

31. 第一台电子计算机诞生在 20 世纪 40 年代，组成该计算机的基本电子元件是（　　　）。

32. 1GB =（　　　）KB。

33. （　　　）是将计算机高级语言源程序翻译成目标程序的系统软件。

34. 计算机内进行算术运算与逻辑运算的功能部件是（　　　）。

35. 计算机中的地址即存储单元的编号。一个首地址为 1000H、容量为 16KB 的存储区域，其末地址应为（　　　）。

36. 如果将一本 273 万字的《现代汉语词典》存入软盘，那么至少需要（　　　）张 1.44MB 的软盘。

37. 每条指令都必须具有的、能与其他指令相区别的、规定该指令执行功能的部分称为（　　　）。

38. 一张 CD-ROM 光盘的存储容量大约是（　　　）。

39. 著名数学家冯·诺依曼提出了（　　　）和程序控制理论。

40. 汉字编码按用途的不同分为 3 种，分别是输入码、机内码和（　　　）。

41. 将字根和汉字按某种顺序排列并按顺序编号，此编号称为（　　　）。

42. 以汉语拼音方案为基础，按一定编码规则进行编码，该编码称为（　　　）。

43. 根据组成汉字的部件，结合一定的编码规则给出的汉字编码称为（　　　）。

44. 五笔字型输入法的基本字根有（　　　）个。

45. 计算机汉字信息处理系统代码的定义采用（　　　）码。

46. 在五笔字型输入法中，字根间的结构关系分为单、散、连和（　　　）。

47. 五笔字型输入法中的识别码由末笔画编码和（　　　）组成。

48. 在五笔字型输入法中，提笔视为（　　　）。

49. 在五笔字型输入法中，汉字的 3 种字型是上下型、（　　　）和杂合型。

50. 计算机能直接识别的语言是（　　　）。

【判断题】

1. 第二代计算机以电子管为主要逻辑元件，体积大、电路复杂且易出故障。（　　　）

2. 第二代计算机以晶体管取代电子管作为其主要的逻辑元件。（　　　）

3. ENIAC 是世界上第一台使用内存程序的计算机。（　　　）

4. 冯·诺依曼是内存程序控制观念的创始者，该结构的核心部分是 CPU。（　　　）

5. UNIX 操作系统是一种功能强大、安全可靠、可免费使用的操作系统。（　　　）

6. DOS 是一种功能强大的多用户的操作系统。（　　　）

7. 为解决各类应用问题而编写的程序（如人事管理系统）称为应用软件。（　　　）

8. 一般而言，CPU 是由控制器、外部设备及存储器组成的。（　　　）

9. 计算机的存储器可以分为主存储器与辅助存储器两种。（　　　）

10. 计算机外部设备是除 CPU、内存以外的设备。（　　　）

11. DDR 内存条是 RAM 的一种。（　　　）

12. RAM 所存储的数据只能读取，但无法将新数据写入其中。（　　　）

13. 控制器能理解、翻译、执行所有的指令及存储结果。（　　　）

14. 程序必须送到主存储器内，计算机才能够执行相应的指令。（   ）

15. 计算机的所有计算都是在内存中进行的。（   ）

16. 裸机是指没有安装任何软件的计算机。（   ）

17. 显示器既是输入设备又是输出设备。（   ）

18. 计算机标准键盘有 101 个键。（   ）

19. 在带电的情况下拆除打印机连接线时，可能会造成接口电路损坏。（   ）

20. 外存和内存都能永久保存数据。（   ）

21. 打印机通过串口（COM1 或 COM2）与主机相连。（   ）

22. 计算机的基本存储单位是比特。（   ）

23. 临时输入大写字母要先按 Shift 键。（   ）

24. 字母"A"的 ASCII 值比"a"的 ASCII 值大。（   ）

25. 操作系统属于系统软件。（   ）

26. 数据是信息的载体。（   ）

27. 任何程序都可视为计算机的软件。（   ）

28. 计算机的运算速度是由其主频决定的。（   ）

29. 人与计算机通信必须使用由 0 与 1 汇编而成的语言。（   ）

30. 在计算机系统中，信息的传送是通过总线进行的。（   ）

31. 十进制数 222、八进制数 336 与十六进制数 DE 大小相等。（   ）

32. 汉字的输入码就是汉字在计算机内部的存储代码。（   ）

33. 硬盘分为内置式和外置式两种，其中内置式又称为内存。（   ）

34. 如果计算机工作过程中突然断电，则存储器中的数据将全部丢失。（   ）

35. 计算机病毒其实是一种人为编写的特殊计算机程序。（   ）

36. 内存可以长期保存数据，硬盘数据在关机以后就丢失了。（   ）

37. 内存中的数据可以直接进入 CPU 进行处理。（   ）

38. 字节是计算机的基本存储单位。（   ）

39. 字长决定了计算机的运算速度。（   ）

40. 计算机运行时，应尽量避免敲打、倾斜或搬动机箱。（   ）

41. 硬盘需要定期拆开清理、维护。（   ）

42. 设置密码保护和备份是保护计算机数据安全的措施之一。（   ）

43. 计算机数据安全的完整性是指当不让任何人改动信息时，就没有人能改动它。（   ）

44. 计算机数据安全的可用性是指在想使用数据和计算机时，它们是可以被使用的。（   ）

45. 静电的积累对人危害很大，但对计算机的危害可忽略不计。（   ）

46. 最好不要带电插拔计算机设备。（   ）

47. 由于开、关计算机电源时的瞬间电流会对机内的电子器件产生较大的冲击，因此不要频繁

开、关计算机的电源。(　　　)

48. 目前常用的非击打式打印机有喷墨打印机和激光打印机两种。(　　　)

49. 存储器完成一次读/写信息操作所需的时间称为存取周期。(　　　)

50. 存储一个汉字占用 8 个字节的存储空间。(　　　)

51. 国标码和交换码是一回事儿。(　　　)

52. 汉字信息处理系统就是汉字操作系统。(　　　)

53. 汉字的字形码占用 2 个字节的存储空间。(　　　)

54. 优秀的汉字输入码的特点是易于记忆、编码长度短、重码少，易学、易用。(　　　)

55. 汉字字形码实质上是汉字点阵信息。(　　　)

56. 当前使用的汉字信息处理系统一般都能实现中西文兼容。(　　　)

57. 计算机中一个字节由 16 个二进制位组成。(　　　)

58. Windows 可以让用户为各种输入法设置快捷键，但不可以指定默认输入法。(　　　)

59. 智能健康手环的应用开发，体现了传感器的数据采集技术的应用。(　　　)

60. 汉字与 ASCII 一样，都占用 1 个字节的存储空间。(　　　)

学习单元2

计算机操作系统——中文版 Windows 10的应用基础知识

【单项选择题】

1. Windows 属于一种（　　）的操作系统。

   A. 单任务字符方式　　　　　　　　　　B. 单任务图形方式

   C. 多任务字符方式　　　　　　　　　　D. 多任务图形方式

2. 操作系统的作用是（　　）。

   A. 将源程序编译为目标程序　　　　　　B. 便于进行目录管理

   C. 控制和管理系统资源的使用　　　　　D. 实现软/硬件的转接

3. Windows 的"帮助"信息是一种（　　）技术。

   A. 文字处理　　　　B. 超文本　　　　C. 网络　　　　D. 联想

4. 右击图标时，将出现的情况是（　　）。

   A. 弹出快捷菜单　　　　　　　　　　　B. 打开程序

   C. 无反应　　　　　　　　　　　　　　D. 弹出"属性"对话框

5. （　　）是 Windows 管理文件的特征，与 DOS 的目录类似。

   A. 快捷键　　　　　B. 文件夹　　　　C. 任务栏　　　　D. "开始"菜单

6. 将文件图标拖至回收站中后，会（　　）。

   A. 将文件删除，但可以恢复　　　　　　B. 将文件删除，但不可以恢复

   C. 将文件复制到回收站中　　　　　　　D. 非法操作，没有反应

7. 在 Windows 下，运行程序的窗口最小化后，该程序处于（　　）状态。

   A. 挂起状态　　　　B. 就绪　　　　C. 撤销　　　　D. 后台运行

8. 要将整个屏幕内容复制到剪贴板上，应（　　）。

   A. 单击"剪切"按钮　　　　　　　　　　B. 单击"粘贴"按钮

   C. 按 PrintScreen 键　　　　　　　　　D. 单击"复制"按钮

9. 下列有关 Windows 剪贴板的说法，正确的是（　　）。

   A. 剪贴板是一个在程序或窗口之间传递信息的临时存储区

   B. 剪贴板中的内容不能保留

   C. 没有剪贴板查看程序，剪贴板不能工作

   D. 剪贴板每次可以存储多个信息

10. Windows 10 的很多窗口中都有"编辑"菜单，该菜单中的"剪切""复制"功能有时是灰色的，只有（　　　）后，这两个功能才可以使用。

    A. 剪贴板中有内容　　　　　　　　B. 选中对象

    C. 按鼠标右键　　　　　　　　　　D. 按鼠标左键

11. Windows 10 的"编辑"菜单中的"粘贴"功能有时是灰色的，只有（　　　）后，这个功能才可以使用。

    A. 剪贴板中有内容　　　　　　　　B. 选中对象

    C. 按鼠标右键　　　　　　　　　　D. 按鼠标左键

12. 双击窗口标题栏，可以使窗口（　　　）。

    A. 最大化　　　　　B. 最小化　　　　　C. 关闭　　　　　D. 最大化或还原

13. 窗口右上角的"×"按钮是（　　　）。

    A. "最小化"按钮　　　　　　　　　B. "最大化"按钮

    C. "关闭"按钮　　　　　　　　　　D. "选择"按钮

14. 在 Windows 中，若要恢复回收站中的文件，则只需（　　　）。

    A. 双击该文件　　　　　　　　　　B. 用鼠标将该文件拖出回收站

    C. 单击该文件　　　　　　　　　　D. A、B、C 均可

15. 在文件资源管理器中，双击扩展名为.txt 的文件，Windows 会自动打开（　　　）。

    A. 写字板　　　　　B. 记事本　　　　　C. 画图　　　　　D. 剪贴板

16. 在 Windows 中，如果删除了 U 盘中的文件，则该文件在 Windows 中（　　　）。

    A. 不可恢复　　　　　　　　　　　B. 可以在"回收站"中找到

    C. 可以恢复　　　　　　　　　　　D. 可以在"我的公文包"中找到

17. 双击对象图标，可以（　　　）。

    A. 最大化窗口　　　　　　　　　　B. 打开对象

    C. 弹出"属性"对话框　　　　　　　D. 重命名对象

18. 关于"窗口"与"对话框"在外观上的区别，以下说法不正确的是（　　　）。

    A. 窗口可以改变尺寸

    B. 对话框不能改变尺寸，窗口与对话框中都有"最小化"按钮

    C. 窗口与对话框中都有"关闭"按钮

    D. 窗口与对话框中都有选择项目

19. 在文件资源管理器中，若要选择连续的多个文件，则应（　　　）。

    A. 连续单击要选择的对象

    B. 按住 Ctrl 键后，先单击第一个对象，再单击最后一个对象

    C. 先单击第一个对象，按住 Shift 键后单击最后一个对象

    D. 先单击第一个对象，按住 Ctrl 键后单击最后一个对象

20. 在文件资源管理器中，要选择不连续的多个文件，应（　　　）。

    A. 连续单击要选择的对象

    B. 按住 Ctrl 键后，先单击第一个对象，再单击后续的对象

    C. 先单击第一个对象，按住 Shift 键后再单击后续的对象

    D. 先连续单击要选择的对象，再按住 Ctrl 键

21. Windows 中的文件系统结构是（　　　）结构。

    A. 网状　　　　　　　　B. 层次　　　　　　　　C. 树状　　　　　　　　D. 链状

22. 在注册表编辑器中，通常情况下，"DWORD（32 位）值"若想生效（指该值起作用，包括"开启"或"关闭"两种效果），其数值数据应该使用（　　　）。

    A. 0　　　　　　　　　B. 1　　　　　　　　　C. 10　　　　　　　　　D. 01

23. 当需要将 C 盘某个文件夹中的一些文件复制到 C 盘的另外一个文件夹中时，在选中文件后，若采用拖入操作，则可以使用（　　　）目标文件夹的方法。

    A. 直接拖动至　　　　B. Ctrl + 拖动至　　　　C. Alt + 拖动至　　　　D. 单击

24. 在菜单选项中，后面跟有（　　　）时，表示选择该选项后会弹出对话框。

    A. ...　　　　　　　　　B. 对号　　　　　　　　C. +　　　　　　　　　D. >

25. 选择 Windows 窗口菜单选项的一般操作是（　　　）选项。

    A. 用鼠标右键单击　　　　　　　　　　B. 用鼠标右键双击

    C. 用鼠标左键单击　　　　　　　　　　D. 用鼠标左键双击

26. 文件的类型可以根据（　　　）来识别。

    A. 文件的大小　　　　　　　　　　　　B. 文件的用途

    C. 文件的扩展名　　　　　　　　　　　D. 文件的存放位置

27. 任务栏不能被移动到屏幕的（　　　）。

    A. 顶部　　　　　　　　B. 中间　　　　　　　　C. 左侧　　　　　　　　D. 右侧

28. 下列关于文件和文件夹的说法中，错误的是（　　　）。

    A. 在一个文件夹中，既可以有文件夹，又可以有文件

    B. 在一个文件夹中，不能存在两个同名的文件夹

    C. 文件不能包含文件夹，但能包含其他文件

    D. 文件夹中不可包含与文件夹同名的文件

29. Windows 操作的特点是（　　　）。

    A. 先选择操作项，再选择操作对象　　　　B. 先选择操作对象，再选择操作项

    C. 需将操作对象拖动到操作项上　　　　　D. 需同时选择操作对象和操作项

30. 在中文版 Windows 中，文件名或文件夹的名称（　　　）。

    A. 最多不能超过 8 个字符　　　　　　　B. 可以有任意多个字符

    C. 不超过 255 个字符　　　　　　　　　D. 不可以使用汉字

31. Windows 的任务栏不可以（　　　）。

    A. 删除　　　　　　　　B. 隐藏　　　　　　　　C. 改变大小　　　　　　D. 移动

32. 在 Windows 中，不同的鼠标指针形状有不同的含义，在默认设置下， 的含义是（　　　）。

    A. 可输入文本　　　　　B. 死机　　　　　　　　C. 程序正在运行　　　　D. 程序不能运行

33. 关闭活动窗口的操作可以通过按（　　　）键实现。

    A. Alt+F4　　　　　　　B. Ctrl+F4　　　　　　　C. Alt+Esc　　　　　　　D. Shift+Esc

34. 在 Windows 中，文件夹是指（　　　）。

    A. 文档　　　　　　　　B. 程序　　　　　　　　C. 磁盘文件　　　　　　D. 文件目录

35. 下列关闭窗口的方法中，不正确的是（　　　）。

    A. 单击窗口右上角的"关闭"按钮　　　　　　B. 按 Alt+F4 键

    C. 双击窗口左上角的控制菜单图标　　　　　　D. 双击标题栏上的标题

36. 在 Windows 10 的更改账户界面中不可进行的操作是（　　　）。

    A. 更改账户名称　　　　　　　　　　　　　　B. 创建或修改密码

    C. 更改图片　　　　　　　　　　　　　　　　D. 创建新用户账户

37. 在 Windows 中，"显示桌面"按钮在桌面的（　　　）。

    A. 左下角　　　　　　　B. 右下角　　　　　　　C. 无此按钮　　　　　　D. 任务栏中部

38. 在 Windows 中，不属于文件属性的是（　　　）。

    A. 只读　　　　　　　　B. 隐藏　　　　　　　　C. 存档　　　　　　　　D. 改写

39. Windows 中用于引导用户完成大多数日常操作的是（　　　）。

    A. 文件资源管理器　　　B. Word　　　　　　　　C. 开始　　　　　　　　D. 此电脑

40. 下列关于 Windows 窗口的叙述中，不正确的是（　　　）。

    A. 在多个打开的窗口中，刚打开的窗口一定在最前面

    B. 在多个打开的窗口中，后台窗口对应的程序是不运行的

    C. 关闭窗口就是结束相应的程序任务

    D. 最小化窗口就是使相应的程序在后台运行

41. 关于打印机及其驱动程序，以下说法中正确的是（　　　）。

    A. Windows 可以同时安装多种打印机驱动程序

    B. Windows 可以同时设置多种打印机为默认打印机

    C. Windows 带有任何一种打印机的驱动程序

    D. Windows 改变默认打印机后，必须重新启动系统方能生效

42. 关于 Windows 文件命名规则，下列说法中不正确的是（　　　）。

    A. 文件名允许出现多个"."

    B. 文件名允许使用空格符

    C. 文件名允许使用"？"

D．文件名可保留用户指定的大小写字符，但不能以大小写字符来区分文件名

43．"计算器"程序可在（   ）中启动。

    A．"开始"→"Windows 附件"   B．"开始"→"计算器"

    C．"开始"菜单   D．"控制面板"窗口中的"工具"

44．剪切选定对象的快捷键是（   ）。

    A．Ctrl+X   B．Ctrl+V   C．Ctrl+C   D．Ctrl+Z

45．粘贴已剪切的对象的快捷键是（   ）。

    A．Ctrl+X   B．Ctrl+V   C．Ctrl+C   D．Ctrl+Z

46．复制选定对象的快捷键是（   ）。

    A．Ctrl+X   B．Ctrl+V   C．Ctrl+C   D．Ctrl+Z

47．当选定文件后，下列操作中不能删除文件的是（   ）。

    A．按 Delete 键   B．按 Esc 键

    C．单击"主页"→"删除"按钮   D．选择快捷菜单中的"删除"命令

48．下列关于回收站的说法中正确的是（   ）。

    A．回收站用来永久保存被"删除"的文件

    B．回收站中的文件可以被还原

    C．清空回收站后，被删除的文件还能恢复

    D．关机后回收站中的文件将全部丢失

49．在文件资源管理器的导航窗格中，文件夹前的特征符号"+"表示（   ）。

    A．此文件夹中的子文件夹已显示   B．此文件夹中的子文件夹还没有显示

    C．此文件夹没有子文件夹   D．单击它可将子文件夹隐藏起来

50．在文件资源管理器的工作区（查看方式：详细信息）中，单击第 2 个文件后，按住 Shift 键，单击第 3 个文件，则被选中的文件有（   ）。

    A．1 个   B．2 个   C．3 个   D．4 个

51．下列文件名中属于非法文件名的是（   ）。

    A．2008 奥运会   B．刘翔_110 米栏

    C．LIU   110 米栏   D．刘翔:110 米栏

52．使用 Windows 的画图工具画一个标准的圆，应先选择椭圆工具，再按住（   ）键，并拖动鼠标。

    A．Shift   B．Ctrl   C．Alt   D．Tab

53．启动后的应用程序的名称或打开的文件的名称都显示在（   ）中。

    A．状态栏   B．标题栏   C．菜单栏   D．工具栏

54．Windows 10 中设置屏幕保护程序时是在 Windows 设置的（   ）项目中进行的。

    A．键盘   B．设备和打印机   C．屏幕   D．个性化

55. 下列选项中，（　　　）不是控制面板中默认的项目。

    A. 程序和功能　　　　B. 日期和时间　　　C. 设备和打印机　　　D."画图"程序

56. 桌面上有打开的多个窗口，其中（　　　）。

    A. 可以有多个活动窗口　　　　　　　　B. 只有两个活动窗口

    C. 没有确定的活动窗口　　　　　　　　D. 只有一个活动窗口

57. 在文件资源管理器中，将一个 MP3 文件从 C 盘移动到 E 盘的方法是（　　　）。

    A. 使用鼠标将文件从 C 盘拖动到 E 盘　　B. 使用"文件"→"发送到"功能

    C. 使用任务栏中的"复制这个文件"功能　　D. 使用"剪切"与"粘贴"功能

58. 关闭安装有 Windows 操作系统的计算机的正确方法是（　　　）。

    A. 单击"开始"→"注销用户"按钮

    B. 拔掉电源

    C. 单击"开始"→"电源"按钮

    D. 使用定时关机功能

59. 当鼠标指针位于窗口左右边界且形状变为←→时，可进行的操作是（　　　）。

    A. 横向改变窗口大小　　　　　　　　　B. 纵向改变窗口大小

    C. 移动窗口　　　　　　　　　　　　　D. 同时横向、纵向改变窗口大小

60. 下列关闭窗口的方法中不正确的是（　　　）。

    A. 单击 × 按钮　　　　　　　　　　　　B. 单击 按钮

    C. 双击控制菜单图标　　　　　　　　　D. 单击"文件"→"关闭"按钮

61. 图标是 Windows 的重要元素之一，（　　　）是对图标的错误描述。

    A. 图标可以表示被组合在一起的多个程序

    B. 图标既可以代表程序，又可以代表文档

    C. 图标可能是仍然在运行但窗口被最小化的程序

    D. 图标只能代表某个应用程序

62. 关于任务栏，下列说法中不正确的是（　　　）。

    A. 将桌面上某一窗口关闭后，任务栏中相应的图标不一定消失

    B. 后台运行的程序不占用内存

    C. 单击任务栏中的图标，可将后台运行的相应程序放到前台

    D. 刚打开的窗口作为当前运行的状态

63. 关于 Windows 的窗口，下列说法中不正确的是（　　　）。

    A. 每个窗口都有控制菜单图标

    B. 每个窗口都有标题栏

    C. 在多个打开的窗口中，后台窗口相应的程序是不运行的

    D. 最小化窗口就是使相应的程序在后台运行

64. 在 Windows 中运行软件时，屏幕上有时会出现一个窗口要求操作者答复，该窗口称为（   ）。

    A. 应用程序窗口　　　　B. 目的窗口　　　　C. 对话框　　　　D. 控制窗口

65. 关于对话框与窗口的区别，下列说法中不正确的是（   ）。

    A. 窗口的大小可以改变，对话框的大小不能改变

    B. 窗口有菜单栏，对话框没有菜单栏

    C. 窗口有控制菜单，对话框没有控制菜单

    D. 按 Esc 键可以关闭窗口，但不能关闭对话框

66. 在 Windows 的文件资源管理器中，双击导航窗格中的一个目录表示（   ）。

    A. 删除目录　　　　　　　　　　B. 创建目录

    C. 展开或折叠一个分支　　　　　　D. 选定当前目录，显示其内容

67. 下列关于文档窗口的说法中正确的是（   ）。

    A. 只能打开一个文档窗口

    B. 可以同时打开多个文档窗口，打开的窗口都是活动窗口

    C. 可以同时打开多个文档窗口，但其中只有一个是活动窗口

    D. 可以同时打开多个文档窗口，但在屏幕上只能见到一个文档窗口

68. 若在桌面上同时打开多个窗口，则下面关于活动窗口（即当前窗口）的描述中，（   ）是不正确的。

    A. 活动窗口的标题栏是高亮度的　　　　B. 光标在活动窗口中闪烁

    C. 活动窗口在任务栏中的按钮为按下状态　　D. 桌面上可以同时有两个活动窗口

69. 对话框中有单选按钮和复选框，复选框可以同时选择（   ）。

    A. 一项　　　　　　B. 两项　　　　　　C. 多项　　　　　　D. 以上都不对

70. 在某个文档窗口中进行多次剪切操作并关闭该文档窗口后，剪贴板中的内容为（   ）。

    A. 第一次剪切的内容　　　　　　B. 最后一次剪切的内容

    C. 剪切的所有内容　　　　　　　D. 空白

71. 操作系统是（   ）的接口。

    A. 主机和外部设备　　　　　　　B. 系统软件和应用软件

    C. 用户和计算机　　　　　　　　D. 高级语言和机器语言

72. 显示 D 盘目录路径及子目录中文件名的 DOS 命令是（   ）。

    A. DIR D:　　　　B. DIR D:\　　　　C. TREE D:　　　　D. TREE D:/F

73. 建立一个新子目录的 DOS 命令是（   ）。

    A. CD　　　　　　B. RD　　　　　　C. MD　　　　　　D. CREATE

74. 在查找文件名的命令中使用的 "*" "？" 是（   ）。

    A. 一般字符　　　　B. 特殊字符　　　　C. 没有含义　　　　D. 通配符

75. 下列选项中，不是 Windows 中常用的菜单类型的是（　　）。

    A. 子菜单　　　　　　　B. 下拉菜单　　　　　C. 列表框　　　　　　D. 快捷菜单

76. 最小化一个应用程序的窗口时，（　　）。

    A. 此应用程序被关闭　　　　　　　　　　　B. 此应用程序在后台继续运行

    C. 此应用程序暂停运行　　　　　　　　　　D. 此应用程序被中止

77. 启动 Windows 后，屏幕上显示的内容称为（　　）。

    A. Windows 窗口　　　　　　　　　　　　B. Windows 界面

    C. Windows 工作区　　　　　　　　　　　D. 桌面

78. 使用"截图工具"程序，能够创建扩展名为（　　）的文件。

    A. .xlsx　　　　　　　B. .docx　　　　　　C. .dll　　　　　　　D. .jpg

79. 在 Windows 10 的文件资源管理器中（　　），屏幕上会显示下一级文件夹。

    A. 双击某个磁盘驱动器图标　　　　　　　　B. 单击某个磁盘驱动器图标

    C. 单击"文件"→"打开"按钮　　　　　　　D. 单击"主页"→"删除"按钮

80. Windows 桌面的图标能够重新排列，在桌面的空白处（　　），在弹出的快捷菜单中选择"排序方式"命令，可按一定顺序排列图标。

    A. 右击　　　　　　　　　　　　　　　　　B. 单击

    C. 双击鼠标右键　　　　　　　　　　　　　D. 双击

81. 在 Windows 中，若要查看某个文件或文件夹的属性，则可（　　）该文件夹图标，并在弹出的快捷菜单中选择"属性"命令。

    A. 双击鼠标右键　　　B. 右击　　　　　　C. 双击　　　　　　D. 单击

82. 在 Windows 中打印文档时，（　　）。

    A. 系统被打印程序独占，不能做其他工作　B. 可采用后台方式打印，前台做其他工作

    C. 文档打印完之后才能做其他工作　　　　D. 以上选项都不正确

83. 在菜单中，前面有"√"标记的选项表示（　　）。

    A. 复选选中　　　　　B. 单选选中　　　　C. 有子菜单　　　　D. 有对话框

84. 由 DOS 状态返回到 Windows 状态所使用的命令是（　　）。

    A. EXIT　　　　　　　B. QUIT　　　　　　C. RETURN　　　　　D. STOP

85. 在菜单选项中，后面有"＞"标记的选项表示（　　）。

    A. 开关　　　　　　　B. 单选选中　　　　C. 有子菜单　　　　D. 有对话框

86. 窗口标题栏最左边的图标表示（　　）。

    A. 工具按钮　　　　　B. 开关按钮　　　　C. 开始按钮　　　　D. 控制菜单

87. 回收站是（　　）。

    A. 硬盘中的一个文件　　　　　　　　　　　B. 内存中的一个特殊存储区域

    C. 软盘中的一个文件夹　　　　　　　　　　D. 硬盘中的一个文件夹

88. 在 Windows 中，不能利用"查找"功能进行文件查找的是（　　　）。

    A．文件属性　　　　　　B．文件有关日期　　　C．文件名称和位置　　D．文件大小

89. 要改变当前打开的应用程序的窗口的大小，下列操作中正确的是（　　　）。

    A．用鼠标拖动标题栏　　　　　　　　　　B．单击任务栏中该应用程序的图标

    C．右击工具栏　　　　　　　　　　　　　D．用鼠标拖动该应用程序窗口的边框

90. 关于桌面上的图标，下述说法正确的是（　　　）。

    A．每个图标由两部分组成，一部分是图标的图案，另一部分是图标的标题

    B．图标的图案用来说明图标是做什么用的，它是不可改变的

    C．图标的标题用来说明图标是做什么用的，它是可以改变的

    D．图标的位置是固定不变的

【填空题】

1. 在 Windows 中，被删除的文件或文件夹存放在（　　　）中。

2. 在 Windows 中，（　　　）是一个用于 Windows 应用程序之间传递信息的临时存储区。

3. Windows 中的剪贴板是 Windows 应用程序之间进行数据交换的临时（　　　）。

4. 在 Windows 中，当窗口最大化后，窗口右上角出现的 3 个按钮是最小化按钮、向下还原按钮和（　　　）按钮。

5. 在 Windows 中，鼠标的操作主要有 6 种：单击、双击、指向、右击、与键盘组合使用和（　　　）。

6. 中文版 Windows 不仅支持 GB 2312—1980，还支持"汉字国标扩展码"，即（　　　），它包含大约两万个汉字。

7. 在关闭计算机前，应关闭 Windows，这是为了防止（　　　）中的数据被损坏。

8. 在文档中输入内容以及对输入的内容进行（　　　）、（　　　）等调整，是文档编辑的重点。

9. Windows 借助屏幕上的图形，向使用者提供了一种（　　　）操作环境。

10. 排列窗口的选项有（　　　）窗口、（　　　）窗口和并排显示窗口。

11. 任务栏中的音量控制按钮的作用是（　　　）。

12. 在 Windows 中运行软件时，屏幕上有时会出现一个窗口要求操作者答复，该窗口称为（　　　）。

13. 选定文件或文件夹后，要改变其属性设置，可以单击鼠标（　　　）键，在弹出的快捷菜单中选择"属性"命令。

14. 在 Windows 中，程序项图标是显示在组窗口内的一些形状不同的小图案，分别对应着（　　　）。

15. 当误操作文件或文件夹时，可以单击"编辑"→（　　　）按钮或按（　　　）键取消原来的操作。

16. 在 Windows 中，将（　　　）设备安装到计算机相应端口或插槽中，系统会自动添加此设备驱动程序。

17. 当用户在文档窗口中进行文字处理时，按（   ）快捷键可以将文档内容全部选中。

18. Windows 10 支持（   ）和（   ）硬件设备的安装。

19. 窗口还原是指将窗口还原到原来的（   ）。

20. 窗口最小化是将窗口缩小为一个（   ）。

21. 控制面板是用来改变系统（   ）的应用程序，可以调整各种硬件和软件的选项。

22. Windows 10（64 位）操作系统要求内存不得少于（   ）GB。

23. 扩展名.txt 表示的文件类型是（   ）。

24. 管理文件和文件夹的主要工具是（   ）。

25. 在 Windows 中，文件名的长度可达（   ）个字符。

26. Windows 标准窗口的标题栏上有标题、（   ）按钮、最大化按钮和关闭按钮。

27. 添加或删除程序可以在（   ）中的（   ）中进行。

28. 文件的属性有（   ）和（   ）。

29. 任务栏右侧显示的按钮有（   ）、音量控制按钮和（   ）。

30. 通过（   ）可以查看工作组中的计算机和网络中的计算机。

31. 菜单中灰色的选项表示（   ）。

32. 当用户查找和排列文件时，可以使用通配符（   ）和（   ）。

33. 打开菜单后，如果不想从此菜单中选择选项，则可以单击菜单以外的任何地方或按（   ）键。

34. 图标分为（   ）方式和（   ）图标两类。

35. 关闭计算机时，如果选择（   ）选项，则不退出 Windows，而是转入低能耗状态。

【判断题】

1. Windows 的特点是全新图形用户界面、操作命令图形化、操作方便等。（   ）

2. Windows 提供多任务的并行处理能力。（   ）

3. 在分辨率为 1024px×768px 的屏幕下，屏幕中的每个项目比在分辨率为 800px×600px 的屏幕下更大。（   ）

4. 计算机上安装有两种以上打印机驱动程序时，必须将其中一种设置为默认。（   ）

5. 在 Windows 中，一个文件只能由一种程序打开。（   ）

6. Windows 是多任务操作环境，人们可以一边打字一边听音乐。（   ）

7. Windows 的图标是一个图形符号。（   ）

8. 窗口操作主要包括还原、移动、改变大小、最小化、最大化、关闭和切换窗口。（   ）

9. 窗口还原是指将窗口还原到原来的大小。（   ）

10. 窗口移动是将窗口移动到指定的位置。（   ）

11. 窗口最小化是将窗口缩为最小，即缩小为一个图标。（   ）

12. 对话框是一种窗口，是 Windows 与用户进行信息交流的通用方式。（   ）

13. 对话框中的元素有按钮、文本框、列表框、单选按钮、复选框、组合框、滚动条。（　　）

14. 控制面板是用来改变系统配置方式的应用程序，可用来调整各种软/硬件选项。（　　）

15. 在同一文件夹中不可以用鼠标对同一文件进行复制。（　　）

16. 快捷方式与普通图标的区别是前者有一个箭头。（　　）

17. 磁盘的根目录只能有一个。（　　）

18. 绝对路径是指从当前目录开始到文件所在目录的路径。（　　）

19. 在多级目录结构中，允许两个不同文件具有相同的名称。（　　）

20. 屏幕保护程序的图案可以根据需要任意设置。（　　）

21. 单击任务栏中的时间图标，可以对系统时间进行设置。（　　）

22. 删除某程序的桌面快捷方式的同时删除了这个应用程序。（　　）

23. 多任务是指操作系统在同一时间内能够同时处理多个任务。（　　）

24. 在 Windows 的使用过程中，直接关闭计算机、电源和显示器开关不会对系统造成不良影响。（　　）

25. 菜单选项前带有"√"标记时，表示当前此选项正在起作用。（　　）

26. 要使用运行 Windows 10 的计算机必须有该计算机上的用户账户。（　　）

27. 使用 Windows 的"查找"功能查询文件时，必须记住要查询的文件名。（　　）

28. 计算机运行 Windows 的屏幕保护程序后，只要移动一下鼠标就可以取消屏幕保护。（　　）

29. 在 Windows 中，通配符可以用来代替文件名中的一些字符，使用通配符可以比较容易地找到文件名中包含某些相同字符的一组文件。（　　）

30. 在对某个文件/文件夹进行操作前，必须选定这个文件/文件夹为当前文件/文件夹。（　　）

31. 快速格式化可用来将整个 U 盘上的文件标记为删除并检查错误，比全面格式化快得多。（　　）

32. Windows 具有"即插即用"的特性，即 Windows 有自动识别和自动配置常用的硬件设备的能力。（　　）

33. Windows 桌面的左下角有一个"开始"按钮，单击该按钮可以打开"开始"菜单，它几乎包含操作 Windows 所需的全部选项。（　　）

34. 将鼠标指针放在某工具按钮上，稍等片刻后屏幕上就会出现该工具的中文解释。（　　）

35. 位于 Windows 桌面底部的任务栏，仅为 Windows 的多任务操作提供切换功能。（　　）

36. 在 Windows 中，关机时直接切断电源即可，不会对文件产生影响。（　　）

37. 在整理磁盘碎片时，不可以同时执行其他任务。（　　）

38. 任务栏可覆盖也可隐藏，其位置不可改变。（　　）

39. 多个窗口重叠时，最前面的窗口称为活动窗口。（　　）

40. 可根据左、右手的习惯随时互换鼠标左右键功能。（　　）

41. 磁盘扫描程序是用来检测和修复磁盘错误的。（　　）

42. 用户不能自己将程序添加到"开始"→"所有程序"子菜单中，Windows 没有提供这种功能。（　　　）

43. 双击窗口标题栏，可实现窗口的最大化或还原操作。（　　　）

44. 对话框可以移动和改变大小。（　　　）

45. 桌面图标是系统设置的，不可以更改。（　　　）

学习单元3
信息处理与编排——Microsoft Word 2016的应用基础知识

【单项选择题】

1. 启动 Word 2016 时，打开的是（　　）。

    A. 文档窗口
    B. Word 2016 窗口
    C. 对话框
    D. Word 2016 窗口和文档

2. 在 Word 2016 窗口的编辑区中，闪烁的垂直线条表示（　　）。

    A. 光标位置
    B. 插入点
    C. 按钮位置
    D. 键盘位置

3. 当鼠标指针指向某个按钮时，显示按钮名称的矩形是（　　）。

    A. 标记
    B. 菜单
    C. 工具提示信息
    D. 帮助信息

4. 双击段落左边的选定栏，可选定（　　）。

    A. 一行
    B. 一个字
    C. 一段
    D. 一页

5. 新建的 Word 2016 文档在关闭时，会弹出（　　）对话框。

    A. "关闭"
    B. "另存为"
    C. "页面设置"
    D. "新建"

6. 要使文档中每段的首行自动缩进 2 个汉字，可以使用标尺上的（　　）。

    A. 左缩进标记
    B. 右缩进标记
    C. 首行缩进标记
    D. 悬挂缩进标记

7. 在 Word 2016 的"文件"→"最近使用的文档"中列出的是（　　）。

    A. "我的文档"中的文件
    B. 已经打开的 Word 2016 文档
    C. 最近打开的 Word 2016 文档
    D. 常用的 Word 2016 文档

8. 在打开的 4 个 Word 2016 文档中，只有（　　）个是当前文档。

    A. 1
    B. 2
    C. 3
    D. 4

9. 在 Word 2016 中，设定打印纸张的方向时，应当使用（　　）。

    A. "文件"菜单
    B. "布局"菜单
    C. "开始"菜单
    D. "插入"菜单

10. 在撰写长篇文章时，为了保证文章各部分内容格式一致，最好使用 Word 2016 的（　　）功能。

    A. 节
    B. 样式
    C. 模板
    D. 表格

11. 在打印 Word 2016 文档时，下列内容中，（　　）不能在"打印"界面中设置。

A. 页码位置　　　　B. 打印机　　　　C. 打印份数　　　　D. 打印页面的范围

12. 在 Word 2016 中，丰富的特殊符号是通过（　　）输入的。

A. "开始"菜单　　　　　　　　　　B. 专门的符号按钮

C. "插入"菜单中的"符号"按钮　　　D. "区位码"方式

13. Word 2016 的"自动更正选项"功能在（　　）中进行设置。

A. "视图"菜单　　　　　　　　　　B. "文件"菜单

C. "审阅"菜单　　　　　　　　　　D. "插入"菜单

14. 在 Word 2016 中，（　　）应该在文档的编辑、排版和打印等操作之前进行。

A. 字体设置　　　　B. 页面设置　　　　C. 打印预览　　　　D. 页码设定

15. 为了便于在文档中查找信息，可以使用（　　）符号来代表任何一个字符进行匹配。

A. *　　　　　　　　B. &　　　　　　　　C. %　　　　　　　　D. ?

16. 在当前文档中，若需要插入图片，则应将光标移动到插入位置，并（　　）。

A. 单击"插入"→"剪贴画"按钮

B. 单击"插入"→"图片"按钮

C. 单击"插入"→"形状"按钮

D. 单击"文件"→"新建"按钮

17. 双击 Word 2016 窗口的标题栏，会使（　　）。

A. 窗口最大化　　　　　　　　　　B. 窗口关闭

C. 窗口还原　　　　　　　　　　　D. 窗口最大化或还原

18. 双击 Word 2016 窗口标尺会弹出（　　）对话框。

A. "页面设置"　　　B. "标尺设置"　　　C. "打印设置"　　　D. "文件设置"

19. Word 2016 中显示有页号、节号、页数、总页数等信息的是（　　）。

A. 工具栏　　　　　B. 菜单栏　　　　　C. 格式栏　　　　　D. 状态栏

20. 一般情况下，Word 2016 窗口中的标尺可以通过（　　）进行设定与取消。

A. 单击"开始"→"?"按钮

B. 单击"文件"→"新建"按钮

C. 选中"视图"→"标尺"复选框

D. 选中"视图"→"网格线"复选框

21. 在 Word 2016 中，要控制文本在屏幕中的位置，应使用（　　）。

A. 滚动条　　　　　B. 控制框　　　　　C. 标尺　　　　　D. "最大化"按钮

22. 在 Word 2016 中，在正文中选定一个矩形区域的操作是（　　）。

A. 先按住 Alt 键，再拖动鼠标　　　　B. 先按住 Ctrl 键，再拖动鼠标

C. 先按住 Shift 键，再拖动鼠标　　　　D. 先按住 Alt+Shift 键，再拖动鼠标

23. 在 Word 2016 中，下列关于表格操作的叙述中不正确的是（　　　）。

    A. 可以将表中两个单元格或多个单元格合并为一个单元格

    B. 可以将两个表格合并为一个表格

    C. 不能将一个表格拆分成多个表格

    D. 可以为表格加上实线边框

24. 要输入下标，应进行的操作是（　　　）。

    A. 插入文本框，缩小文本框中的字体，并将其拖动到下标位置

    B. 单击"插入"→"首字下沉"按钮

    C. 单击"开始"→"下标"按钮

    D. Word 2016 中没有输入下标的功能

25. 在 Word 2016 中，下列说法正确的是（　　　）。

    A. 使用"查找"功能时，可以区分全角和半角字符，不能区分大小写字符

    B. 使用"替换"功能时，若发现内容替换错了，则可以单击"撤销"按钮进行还原

    C. 使用"替换"功能进行文本替换时，只能替换半角字符

    D. 使用"文字拼写检查"功能时，可以检查中文的拼音错误

26. 对 Word 2016 文档进行存盘操作时，不可以选用的格式是（　　　）。

    A. DOCX　　　　　　B. TXT　　　　　　C. XLSX　　　　　　D. RTF

27. 在 Word 2016 中，页面设置不能设置的项目是（　　　）。

    A. 页边距　　　　　B. 纸张大小　　　　C. 纸张来源　　　　D. 字符间距

28. 对于 Word 2016 的"替换"操作，下述说法不正确的是（　　　）。

    A. 替换的内容可以是字体、段落的所有格式及制表符等特殊字符

    B. 执行替换操作时，光标必须在文本的顶端

    C. 执行替换操作时，可以设定查找范围是从光标处向上、向下还是整个文档

    D. 执行替换操作时，可以设定区分字符大小写或不区分字符大小写

29. 在 Word 2016 中，要删除创建完成的表格，下述方法正确的是（　　　）。

    A. 选中整个表格后，单击"布局"→"删除"组中的"删除列"按钮

    B. 选中整个表格后，单击"开始"→"粘贴"按钮

    C. 选中整个表格后，按 Delete 键

    D. 选中整个表格后，单击"开始"→"字体"组中的"清除格式"按钮

30. 关于在 Word 2016 中可以编辑的文档的个数，下述说法正确的是（　　　）。

    A. 用户只能打开一个文档进行编辑　　　　　B. 用户只能打开两个文档进行编辑

    C. 用户可以打开多个文档进行编辑　　　　　D. 用户可以设定每次打开的文档的个数

31. 关于在 Word 2016 中为长文档编排页码，下述说法不正确的是（　　　）。

    A. 添加或删除内容时，能随时自动更新页码

    B．一旦设置了页码就不能删除

    C．在页面视图和打印预览中会显示页码

    D．文档第一页的页码数可以任意设定

32. 水平标尺上方的"缩进"标记是（　　　　）。

    A．首行缩进　　　　　　　B．左缩进　　　　　　C．右缩进　　　　　　D．悬挂缩进

33. 关闭正在编辑的 Word 2016 文档时，文档从屏幕上消失，同时从（　　　）中清除。

    A．内存　　　　　　　　　B．外存　　　　　　　C．磁盘　　　　　　　D．CD-ROM

34. 以只读方式打开的 Word 2016 文档，修改后应该单击"文件"→（　　　）按钮保存。

    A．"保存"　　　　　　　B．"退出"　　　　　　C．"另存为"　　　　　D．"关闭"

35. 关于在 Word 2016 中打印文档，下述说法不正确的是（　　　）。

    A．在同一页上，可以同时设置纵向和横向两种页面方向

    B．在同一文档中，可以同时设置纵向和横向两种页面方向

    C．在打印预览时可以同时显示多页

    D．在打印时可以指定打印的页面

36. Word 2016 文档默认的文件扩展名为（　　　　）。

    A．.txt　　　　　　　　　B．.wps　　　　　　　C．.docx　　　　　　　D．.wri

37. 在编辑文档时，若想看到页面的实际效果，则应采用（　　　）模式。

    A．阅读视图　　　　　　　　　　　　　　　　B．页面视图

    C．大纲视图　　　　　　　　　　　　　　　　D．Web 版式视图

38. 在 Word 2016 中，剪切的快捷键是（　　　）。

    A．Ctrl+C　　　　　　　　B．Shift+C　　　　　C．Ctrl+X　　　　　　D．Alt+X

39. 若想在 Word 2016 文档中创建表格，则应使用（　　　　）菜单。

    A．"格式"　　　　　　　B．"表格"　　　　　　C．"工具"　　　　　　D．"插入"

40. 将文档中选定内容复制到剪贴板中可使用（　　　　）功能。

    A．剪切　　　　　　　　　B．粘贴　　　　　　　C．保存　　　　　　　D．插入

41. 若想显示文档层次的大纲标题，则应采用（　　　　）。

    A．普通视图　　　　　　　B．页面视图　　　　　C．大纲视图　　　　　D．打印预览

42. 在 Word 2016 中，下列有关分页符的描述，（　　　）是不正确的。

    A．分页符的作用是分页

    B．按 Ctrl+Enter 键可以插入一个分页符

    C．各种分页符都不可以在选中后按 Delete 键删除

    D．在普通视图下，分页符以虚线显示

  43. 在 Word 2016 的编辑状态下，创建了一个由多个行和列组成的空表格，将插入点定位在某个单元格中，单击"表格工具-布局"→"选择"下拉按钮，在弹出的下拉列表中选择"选择行"

选项，再单击"表格工具-布局"→"选择"下拉按钮，在弹出的下拉列表中选择"选择列"选项，则表格中被选中的部分是（　　　）。

    A. 插入点所在的行　　　　　　　　　　B. 插入点所在的列

    C. 一个单元格　　　　　　　　　　　　D. 整个表格

44. 下列关于 Word 2016 模板的说法中，除（　　　）外都是正确的。

    A. 默认的模板是 Normal

    B. 用户可以使用 Word 2016 中提供的所有模板，但不能自定义模板

    C. 模板中保存的是适用于生成某一类文档的编辑环境

    D. 使用模板的目的是在编辑文档时简化和方便操作

45. 在 Word 2016 文档中，对于段落格式之间的关系，下列说法正确的是（　　　）。

    A. 后一段总是使用前一段的格式

    B. 前一段将使用后一段的格式

    C. 删除一个段落标记后，前后两段文字将合并成一段，并使用上一段的段落格式

    D. 删除一个段落标记后，前后两段文字将合并成一段，并使用下一段的段落格式

46. 在 Word 2016 中，整个文档中文字的显示（　　　）。

    A. 分为横向和纵向两种，默认为横向　　B. 分为横向和纵向两种，默认为纵向

    C. 只能是横向　　　　　　　　　　　　D. 只能是纵向

47. 要使某行文本居中，应使用（　　　）中的"居中"按钮。

    A. "开始"菜单　　　　　　　　　　　　B. "视图"菜单

    C. "审阅"菜单　　　　　　　　　　　　D. "插入"菜单

48. 在 Word 2016 中，若需要将插入点移动到当前窗口中文档首行的行首处，则可按（　　　）键。

    A. Ctrl+Home　　　B. Ctrl+End　　　C. Alt+Home　　　D. Alt+End

49. 在 Word 2016 中，如果要将文档中的某一个词全部替换为新的词，则应（　　　）。

    A. 单击"开始"→"替换"按钮

    B. 单击"开始"→"选择"按钮

    C. 单击"审阅"→"修订"按钮

    D. 单击"开始"→"更改样式"按钮

50. 在 Word 2016 的编辑状态下，单击"开始"→"粘贴"按钮后，可以将（　　　）。

    A. 被选择的内容移动到插入点处　　　　B. 被选择的内容移动到剪贴板中

    C. 剪贴板中的内容移动到插入点处　　　D. 剪贴板中的内容复制到插入点处

51. 在 Word 2016 中，可以显示分页效果的是（　　　）视图。

    A. 阅读　　　　　　B. 大纲　　　　　　C. 页面　　　　　　D. 主控文档

52. 在 Word 2016 的编辑状态下，单击"文件"→"保存"按钮后，（　　）。

    A. 可将所有打开的文档存盘

    B. 只能将当前文档存储在原文件夹内

    C. 可将当前文档存储在已有的任意文件夹内

    D. 可先建立一个新文件夹，再将文档存储在该文件夹内

53. 在 Word 2016 的编辑状态下，连续进行了两次"插入"操作，当单击一次"撤销"按钮后，（　　）。

    A. 将两次插入的内容全部取消　　　　　B. 将第一次插入的内容取消

    C. 将第二次插入的内容取消　　　　　　D. 两次插入的内容都不会取消

54. 以下关于 Word 2016 的叙述中，正确的是（　　）。

    A. 被隐藏的文字可以打印出来

    B. 直接单击"右对齐"按钮而不用选定目标，就可以对插入点所在行进行设置

    C. 若选定文本后，单击"粗体"按钮，则选定文本全部变成粗体或常规字体

    D. 双击"格式刷"按钮，可以复制一次对象的格式

55. 关于模板的叙述，不正确的是（　　）。

    A. 模板是 Word 2016 的一种特殊文档，其扩展名是.dom

    B. 模板提供了某些标准文档的制作方法

    C. 如果需要制作邀请函、Web 页面等，则可以使用 Word 2016 中的模板

    D. 用户可以自己定义所需要的模板文档

56. 在 Word 2016 中编辑文本时，可以在标尺上直接进行（　　）操作。

    A. 文章分栏　　　　　B. 建立表格　　　　　C. 嵌入图片　　　　　D. 段落首行缩进

57. 为了将不相邻的两段文字互换位置，至少应使用（　　）次"剪切+粘贴"操作。

    A. 1　　　　　　　　　B. 2　　　　　　　　　C. 3　　　　　　　　　D. 4

58. 在 Word 2016 的编辑状态下，进行"替换"操作时，应当使用（　　）中的按钮。

    A."工具"菜单　　　　　　　　　　　　B."视图"菜单

    C."开始"菜单　　　　　　　　　　　　D."编辑"菜单

59. 在 Word 2016 的编辑状态下，按先后顺序依次打开了 d1.docx、d2.docx、d3.docx、d4.docx 共 4 个文档，当前的活动窗口是（　　）文档窗口。

    A. d1.docx　　　　　B. d2.docx　　　　　C. d3.docx　　　　　D. d4.docx

60. 进入 Word 2016 的编辑状态后，进行中文标点符号与英文标点符号切换的快捷键是（　　）。

    A. Shift+Space　　　B. Shift+Ctrl　　　　C. Shift+.　　　　　　D. Ctrl+.

61. Word 2016 中视图的作用是（　　）。

    A. 对文档进行重新排版　　　　　　　　B. 从不同的方面展示一个文档的内容

    C. 给文档增加不同的格式　　　　　　　D. 改变文档的属性

62. 在 Word 2016 中，打开文档的作用是（   ）。

    A. 将指定的文档从内存中读入并显示出来

    B. 为指定的文档打开一个空白窗口

    C. 将指定的文档从外存中读入并显示出来

    D. 显示并打印指定文档的内容

63. Word 2016 中，系统默认的自动保存时间间隔是（   ）。

    A. 10 分钟　　　　　B. 2 分钟　　　　　C. 15 分钟　　　　　D. 5 分钟

64. 在 Word 2016 的编辑状态下，单击"开始"→"复制"按钮后，（   ）。

    A. 选择的内容被复制到插入点处

    B. 选择的内容被复制到剪贴板中

    C. 插入点所在的段落内容被复制到剪贴板中

    D. 光标所在的段落内容被复制到剪贴板中

65. 在 Word 2016 的编辑状态下，进行字体设置操作后，按新设置的字体显示的文字是（   ）。

    A. 插入点所在段落中的文字　　　　　B. 文档中被选择的文字

    C. 插入点所在行中的文字　　　　　　D. 文档中的全部文字

66. 在 Word 2016 的编辑状态下，要调整左右边界，利用（   ）更直接、快捷。

    A. 工具栏　　　　　B. 格式栏　　　　　C. 菜单栏　　　　　D. 标尺

67. 在 Word 2016 的编辑状态下，操作的对象经常是被选择的内容，若鼠标指针在某行行首的左边，则（   ）操作可以仅选定光标所在的行。

    A. 单击鼠标左键　　　　　　　　　　B. 三击鼠标左键

    C. 双击鼠标左键　　　　　　　　　　D. 单击鼠标右键

68. 如果表格的内外框线是虚线，光标在表格中，则（   ）可将框线变成实线。

    A. 单击鼠标右键，在弹出的快捷菜单中选择"边框和底纹"命令

    B. 单击"布局"→"边框和底纹"按钮

    C. 单击"视图"→"选中表格"按钮

    D. 单击"开始"→"制表位"按钮

69. Word 2016 允许同时打开或建立多个文档窗口，下列关于文档窗口的描述中，不正确的是（   ）。

    A. 可以将打开的文档窗口全部显示在屏幕上

    B. 可以将同一文档显示在不同的窗口中

    C. 光标在当前窗口中闪烁

    D. 单击"视图"→"新建窗口"按钮，可以打开与当前窗口的文档不同的另一个文档窗口

70. 在 Word 2016 中对表格进行拆分与合并操作时，（   ）。

   A. 一个表格可以拆分成上下两个或左右两个表格

   B. 对表格单元的拆分或合并，只能水平进行

   C. 对表格单元的拆分要垂直进行，而合并要水平进行

   D. 一个表格只能拆分成上下两个表格

71. Word 2016 启动后，会自动打开一个名称为（   ）的文档。

   A. "Noname"   B. "Untitled"   C. "文件 1"   D. "文档 1"

72. 若需要将其他软件制作的图片复制到当前 Word 2016 文档中，则下列说法正确的是（   ）。

   A. 不能将其他软件中制作的图片复制到当前 Word 2016 文档中

   B. 可以通过剪贴板将其他图片复制到当前 Word 2016 文档中

   C. 在屏幕上显示要复制的图片，当打开 Word 2016 文档时，图片会自动复制到 Word 2016 文档中

   D. 先打开 Word 2016 文档，再直接在 Word 2016 环境下显示要复制的图片

73. 在 Word 2016 的编辑状态下，确定当前输入位置的操作是（   ）。

   A. 单击鼠标左键   B. 三击鼠标左键

   C. 双击鼠标左键   D. 单击鼠标右键

74. 下列操作中，（   ）不能在 Word 2016 文档中生成表格。

   A. 单击"插入"→"表格"按钮

   B. 使用绘图工具画出需要的表格

   C. 选择某部分按规则生成的文本，单击"插入"→"表格"组中的"表格"下拉按钮，在弹出的下拉列表中选择"文本转换成表格"选项

   D. 选择某部分按规则生成的文本，单击"插入"→"表格"组中的"表格"下拉按钮，在弹出的下拉列表中选择"绘制表格"选项

75. 当保存一个新建的文件时，要想让此文件不被其他人私自查看，可以在"另存为"对话框的"工具"选项组中选择"常规选项"选项，并设置（   ）。

   A. 保护口令   B. 保存选项

   C. 打开文件时的密码   D. 修改权口令

76. 当文档处于阅读视图时，要恢复到原来的视图，可以按（   ）键。

   A. Enter   B. Space   C. Home   D. Esc

77. 要在 Word 2016 中创建一个表格式的履历表，最简单的方法是（   ）。

   A. 使用插入表格的方法

   B. 单击"文件"→"新建"按钮，选择"履历"选项建立文档

   C. 使用绘图工具进行绘制

   D. 在"设计"菜单中选择表格自动套用的格式

78. 如果在有文字的区域绘制图形，则在文字与图形的重叠部分（　　　）。

    A. 文字不可能被覆盖　　　　　　　　B. 文字可能被覆盖

    C. 小部分文字被覆盖　　　　　　　　D. 大部分文字被覆盖

79. 当删除一个段落标记时，前后两段文字将合并成一个段落，合并后的段落内容所采用的格式（　　　）。

    A. 必须重新设置格式　　　　　　　　B. 是后一段落的格式

    C. 没有变化　　　　　　　　　　　　D. 与后一段落格式无关

80. 在 Word 2016 的文档中，每个段落都有自己的段落标记，段落标记的位置在（　　　）。

    A. 段落的开始处　　　　　　　　　　B. 段落的结尾处

    C. 段落的中间位置　　　　　　　　　D. 段落中没有此标记

81. 在 Word 2016 的编辑状态下，文档中有一行被选择，按 Delete 键后，（　　　）。

    A. 删除了插入点所在的行　　　　　　B. 删除了被选择的一行

    C. 删除了被选择行及其之后的所有内容　D. 删除了插入点及其之前的所有内容

82. 当一个文档窗口被关闭时，该文档将（　　　）。

    A. 保存在外存中　　　　　　　　　　B. 保存在内存中

    C. 保存在剪贴板中　　　　　　　　　D. 不一定被保存

83. 在下列关于 Word 2016 操作的叙述中，正确的是（　　　）。

    A. 在输入文档内容时，凡是已经显示在屏幕上的内容，都已经被保存在硬盘中

    B. 使用"粘贴"功能将剪贴板中的内容粘贴到文档的插入点处后，剪贴板中的内容依然存在

    C. 使用"剪切""复制""粘贴"功能，只能在一个文档中进行选定对象的移动和复制

    D. 剪贴板可保存多个剪切或复制操作的不同对象内容

84. （　　　）不需切换到页面视图。

    A. 设置格式　　　　B. 编辑页眉　　　　C. 插入图文框　　　　D. 显示分栏效果

85. 下列关于 Word 2016 操作及功能的叙述中，正确的是（　　　）。

    A. 在输入、删除、更改段落内文本时，系统会自动按左右边界调整

    B. 使用"保存"功能存盘后，原文件一定会自动保留在 BAK 文件中

    C. 在文档输入过程中，可设置每隔 10 分钟自动保存文件一次

    D. 打开多个文档窗口时，每个窗口中都有一个光标在闪烁

86. 下列关于 Word 2016 的叙述中，不正确的是（　　　）。

    A. 设置了"保护文档"的文件，如果不知道口令，则无法打开它

    B. Word 2016 可同时打开多个文件，但活动文件只有一个

    C. 表格中可以插入文字、数字、图形，但是不能插入另一个表格

    D. 单击"文件"→"打印"按钮，在"打印"界面中，既可以预览打印结果，又可以编辑文本

87. 下列说法中正确的是（　　）。

    A. Word 2016 中不能变更文档显示的比例

    B. 用户只能使用鼠标对 Word 2016 进行操作

    C. Word 2016 没有英文拼写错误的检查功能

    D. Word 2016 中的表格可以平均分布行和列

88. 在 Word 2016 中，可以利用（　　）很直观地改变段落的缩进方式，调整左右边界和改变表格的列宽。

    A. 菜单栏　　　　　　B. 工具栏　　　　　　C. 格式栏　　　　　　D. 标尺

89. 可以通过单击（　　）设置空心字效果。

    A. "开始"→"文本效果"按钮　　　　　　B. "插入"→"对象"按钮

    C. "开始"菜单中右下角的对话框启动器　　D. "开始"→ A 按钮

90. 在 Word 2016 中，有关表格的操作，（　　）是不正确的。

    A. 文本能转换成表格　　　　　　B. 文本与表格可以相互转换

    C. 表格能转换成文本　　　　　　D. 文本与表格不能相互转换

91. Word 2016 具有强大的功能，但是它不可以（　　）。

    A. 设计表格　　　　B. 编辑图形　　　　C. 设置鼠标　　　　D. 编辑公式

92. 关于"布局"菜单中的"分栏"功能，下列说法正确的是（　　）。

    A. 栏与栏之间可以根据需要设置分隔线

    B. 栏的宽度可以自定义，但每栏的宽度必须相等

    C. 分栏数目最多为 3

    D. 只能对整篇文章进行分栏，而不能对文章中的某部分进行分栏

93. 在 Word 2016 的编辑过程中，使用快捷键（　　）可将插入点直接移动到文章末尾。

    A. Shift+End　　　B. Ctrl+End　　　C. Alt+End　　　D. End

94. 在 Word 2016 文档中，如果需要将有些词下面的红色波纹线去除，则可以（　　）。

    A. 单击该词后，选择"全部忽略"选项　　B. 右击该词后，选择"忽略一次"选项

    C. 右击该词后，选择"拼写"选项　　　　D. 单击该词后，选择"拼写"选项

95. 可以通过在打印前对文档进行（　　）来观察文档的打印效果。

    A. 备份　　　　　　B. 预览　　　　　　C. 保存　　　　　　D. 页面设置

96. 在文档编辑过程中，若要选定整篇文档，则可按（　　）键。

    A. Ctrl+A　　　　B. Ctrl+T　　　　C. Ctrl+B　　　　D. Ctrl+C

97. 若想将 Word 2016 文档中一部分选定的文字移动到指定的位置，则第一步操作是（　　）。

    A. 单击"开始"→"复制"按钮

    B. 单击"视图"→"切换窗口"按钮

C. 单击"开始"→"剪切"按钮

D. 单击"开始"→"粘贴"按钮

98. Word 2016 只有在（　　　）视图下才会显示页眉和页脚。

A. 普通　　　　　　　B. 图形　　　　　　　C. 页面　　　　　　　D. 大纲

99. 在 Word 2016 中，若需要将文章中所有出现的"学生"都改成以粗体显示，则可以使用（　　　）功能。

A. 样式　　　　　　　B. 改写　　　　　　　C. 替换　　　　　　　D. 粘贴

100. 在 Word 2016 中，下列有关文档分页的叙述错误的是（　　　）。

A. 分页符也能打印出来

B. 可以自动分页，也可以手动分页

C. 将插入点置于分页符上，按 Delete 键可以删除该分页符

D. 分页符标志着前一页的结束，新一页的开始

101. 在 Word 2016 中，单击"文件"→"另存为"按钮保存文件时，不可以（　　　）。

A. 用新保存的文件覆盖原有的文件　　　　　B. 修改文件原来的扩展名.docx

C. 将文件保存为无格式的文本文件　　　　　D. 将文件存放到非当前驱动器中

102. 在 Word 2016 中，图片可以多种环绕方式与文本混排，以下（　　　）不是 Word 2016 提供的环绕方式。

A. 四周型　　　　　　B. 穿越型　　　　　　C. 上下型　　　　　　D. 左右型

103. 下列有关 Word 2016 格式刷的叙述中，（　　　）是正确的。

A. 格式刷只能复制纯文本的内容

B. 格式刷只能复制字体格式

C. 格式刷只能复制段落格式

D. 格式刷既可以复制字体格式，又可以复制段落格式

104. 在 Word 2016 文档窗口中，若选定的文本中包含几种字体的汉字，则"开始"菜单的字体框中显示（　　　）。

A. 空白　　　　　　　　　　　　　　　　　B. 第一个汉字的字体

C. 系统默认字体：宋体　　　　　　　　　　D. 文本中使用最多的文字字体

105. 在 Word 2016 的表格中，单元格中能填写的信息（　　　）。

A. 只能是文字　　　　　　　　　　　　　　B. 只能是文字或符号

C. 只能是图像　　　　　　　　　　　　　　D. 文字、符号、图像均可

106. 在 Word 2016 中编辑文本时，为了使文字绕着插入的图片排列，可以进行的操作是（　　　）。

A. 插入图片，设置环绕方式

B. 插入图片，调整图形比例

    C. 建立文本框，插入图片，设置文本框位置

    D. 插入图片，设置叠放次序

【填空题】

1. 在 Word 2016 的编辑状态下，要取消 Word 2016 的浮动工具栏，应使用（　　）中的按钮。

2. 在 Word 2016 中，单击"视图"→"切换窗口"按钮，能够显示出已经打开的所有文档的名称。其中，当前活动窗口所对应的文档名前有（　　）符号。

3. 在 Word 2016 的编辑状态下制作了一个表格，在默认状态下，表格线显示为（　　）。

4. 在 Word 2016 的编辑状态下，当前输入的文字显示在（　　）。

5. Word 2016 是一种文字处理软件，Word 2016 文档的默认扩展名是（　　）。

6. 当一个 Word 2016 文档窗口被关闭时，系统提示是否保存修改，单击"是"按钮后，文档将保存在（　　）中。

7. 在某个文档窗口中进行了多次剪切操作，当关闭该文档窗口后，剪贴板中的内容为（　　）。

8. 如果需要将两个表格合并，则将其中一个表格（　　）后拖动到另一表格的合并处，释放鼠标左键即可。

9. 在 Word 2016 的编辑状态下，文档中有一行被选中，此时按 Delete 键，（　　）的内容将被删除。

10. 在 Word 2016 文档中，每个段落都有自己的段落标记，段落标记的位置在（　　）。

11. Word 2016 具有分栏功能，各栏的宽度（　　）相同。

12. 窗口（　　）滚动条中滑块的位置表明了窗口中文本在整个文档中的位置。

13. 利用（　　）菜单可以改变字体、字号及字形。

14. （　　）对话框提供了设置段落格式的最全面的方式。

15. 如果选择的打印方向为"纵向"，则文档将（　　）打印。

16. 当插入点在表格的最后一行最后一个单元格中时，按 Tab 键会插入（　　）。

17. 要选定一个图形，可（　　）图形。

18. 剪切是将选定内容移动到（　　）中。

19. 当修改文字时，将光标定位在要修改的文字后，按（　　）后，输入修改的文字。

20. 在 Word 2016 中，当复制文本时，文本被暂时存放在（　　）中，可以将其粘贴到文档的其他位置。

21. 在 Word 2016 中，段落对齐方式有（　　）、（　　）、（　　）、（　　）和（　　）。

22. Word 2016 表格中的每个方框称为（　　）。

23. 打印之前若想查看打印效果，进行最后的检查，则应进行（　　）操作。

24. 在 Word 2016 中对表格进行统计时，求和函数是（　　）。

25. 在 Word 2016 中，通过（　　）对话框可以实现光标定位。

26. Word 2016 可以在输入字词后，自动检查拼写和语法错误，标记（　　）波浪线表示可能有拼写错误，标记（　　）波浪线表示可能有语法错误。

27. 单击选定的图片后，发现图片被边框围住，且边框上有 8 个小方块，这些小方块即称为（　　），拖动它们可调整图片尺寸。

28. Word 2016 允许创建（　　），并向文本框中添加文本或图形。

29. 选择大范围文本的方法是将"I"形鼠标指针定位在要选择文本的开始处并单击，按住（　　）键，再单击要选择文本的末尾。

30. 在对表格的操作中，若想选择一整行，可以将鼠标指针移动到该行的最左边使其变成向右箭头，并单击（　　）；若想选择一整列，可以将鼠标指针移动到该行的顶端使其变成黑色的（　　），并单击鼠标左键。

31. 使用 Word 2016 打开文档时，能对其他应用程序创建的文档进行（　　）转换，并尽可能保持原来的内容和格式。

32. （　　）视图是 Word 2016 中常用的视图，它可显示实际打印的效果。

33. 在 Word 2016 的文本编辑操作中，文本复制的方法一般有（　　）和（　　）。

34. Word 2016 中的 3 种格式编排单位是（　　）、（　　）、（　　）。

35. 在 Word 2016 中，选中图形对象时，单击（　　）按钮，可以实现对图形的任意角度的旋转。

【判断题】

1. 在 Word 2016 文档中插入一些特殊符号时，必须在区位码输入状态下输入。（　　）

2. 在对某一段文本进行格式化操作之前，必须将该段所有文本选中。（　　）

3. 段落重排时，可以进行缩进设置，如段落中除第一行外，其余的所有行左缩进称为首行缩进。（　　）

4. Word 2016 只能编辑文稿，不能对图片进行编辑。（　　）

5. 在 Word 2016 中，如果想将表格转换为文本，只能一步一步地删除表格线，否则会损失表格中的数据。（　　）

6. 构成表格的基本单元是单元格。在表格中输入数据时，实际上是在表格的各个单元格中输入数据。（　　）

7. 在 Word 2016 文档中，按 Ctrl+V 键可以将剪贴板中的内容插入到插入点所在的位置。（　　）

8. 按 Shift+Enter 键可以手动生成一个分行符。（　　）

9. "查找"功能只能查找字符串，而不能查找格式。（　　）

10. 在 Word 2016 中可以改变图片的大小、位置、颜色、亮度、对比度以及裁剪图片。（　　）

11. 使用自由旋转时，只能旋转图形对象，图形中的文本不能直接旋转。（　　）

12. Word 2016 不能实现英文字母大小写的相互转换。（　　）

13. 自动拼写检查可以检查出中英文拼写和语法错误。（　　）

14. 使用标尺可以控制"首行缩进""悬挂缩进"。（   ）

15. 使用"页面设置"功能可以指定每页的行数。（   ）

16. 分栏效果可以在普通视图下观察到。（   ）

17. Word 2016 中的文本和表格是可以相互转换的。（   ）

18. 在插入页码时，页码的范围只能从 1 开始。（   ）

19. 可以将编写好的 Word 2016 文档直接通过互联网发送到世界各地。（   ）

20. 工具栏中的某些项右边带有一个小箭头，单击该箭头将弹出下拉列表。（   ）

21. Word 2016 中的样式是由多个格式排版选项组合而成的集合。Word 2016 允许用户创建自己的样式。（   ）

22. Word 2016 的"自动更正"功能只可以替换文字，不可以替换图像。（   ）

23. 在 Word 2016 中，"格式刷"按钮可以复制艺术字样式。（   ）

24. 在 Word 2016 中，"引用"是对个别术语的注释，其脚注内容位于整个文档的末尾。（   ）

25. 在 Word 2016 中，"自动图文集"具有在录入过程中对某些缩写文字进行扩展的功能。（   ）

26. 针对 Word 2016 中隐藏的文字，屏幕中仍然可以显示，但打印时不输出。（   ）

27. 可以使用 Word 2016 制作网页。（   ）

28. Word 2016 中的"替换"功能与 Excel 2016 中的"替换"功能的作用完全相同。（   ）

29. 在使用 Word 2016 编辑文本时，若需要删除某段文本，则可选定该段文本，并按 Delete 键。（   ）

30. 100 个 24×24 点阵汉字字形库所需要的存储容量是 7200 位。（   ）

31. Word 2016 表格中的数据可以进行排序。（   ）

32. 在 Word 2016 的表格中，与 Excel 的表达方法一样，如用 A1、A2、BI、B2 等标识单元格。（   ）

33. 在 Word 2016 的表格中，如果改变了某个单元格中的值，则计算结果会随之改变。（   ）

34. 在 Word 2016 中，文本框可随输入内容的增加而自动扩展其大小。（   ）

35. 在 Word 2016 页面视图下，工具栏是可以显示或隐藏的。（   ）

36. 在 Word 2016 中，要选中几块不连续的文字区域，可以在选中第一块文字区域的基础上结合 Ctrl 键来完成。（   ）

37. 在 Word 2016 中，可以为文档中的各页编码，用户可以将页码放置在任意标准位置，如页的顶端或底端、页面纵向中心、纵向内外侧。（   ）

38. 在 Word 2016 中，将"计算机的应用能力考试"修改为"计算机应用能力考试"，需执行的操作为将插入点定位在"的"的后面，按 Delete 键。（   ）

39. 在 Word 2016 的编辑状态下，若需要调整左右页边距，则利用标尺来调整是最直接、快捷的方法。（   ）

40. 如果需要调整文档中某页的页边距，则需要先选中这一页的文本。（　　　）

41. 在 Word 2016 中，为了将光标快速定位在文档开头，可按 Ctrl+PageUp 键。（　　　）

42. 图文框总能随其连接的段落移动而移动。（　　　）

43. 若需在文档中调整已输入的公式内容，则可单击"公式编辑器"按钮，进入公式编辑器进行调整。（　　　）

44. 拆分窗口是指将一个窗口拆分成两个，且将文档拆分成两部分。（　　　）

45. 在 Word 2016 的"全屏显示"状态下，工具栏可以根据用户的需求显示或隐藏。（　　　）

学习单元4
信息统计与分析——Microsoft Excel 2016的应用基础知识

【单项选择题】

1. Excel 能够提供数据的分类、排序、汇总、筛选等多种（　　）管理功能。

    A. 文件   B. 数组   C. 自定义   D. 数据

2. （　　）用于显示活动单元格中的数据或公式，也可在其中直接输入数据或公式。

    A. 标题栏   B. 编辑栏   C. 工具栏   D. 单元格

3. Excel 2016 默认的工作簿文件的扩展名是（　　）。

    A. .xlsx   B. .exl   C. .xlt   D. .xlc

4. 在进行某项 Excel 操作时，按（　　）键可以显示相关帮助资料。

    A. F3   B. F8   C. F1   D. F4

5. 在 Excel 中，严格按行、列存放数据的表格称为（　　），也就是 Excel 中的数据清单。

    A. 二维表   B. 三维立体表   C. 一维表   D. 多维表

6. 如果需要在 Excel 窗口中弹出快捷菜单，则应（　　）。

    A. 单击鼠标左键   B. 单击鼠标中键

    C. 单击鼠标右键   D. 双击鼠标左键

7. 若单元格 A1、A2、A3、A4 的值分别为 1、2、3、4，单元格 A5 的函数表达式为 SUM(A1: A4)，则其值为（　　）。

    A. 10   B. 15   C. 40   D. 24

8. 当启动 Excel 2016 时，将自动创建一个新的工作簿，其名称为（　　）。

    A. "Book"   B. "Book1"   C. "工作簿 1"   D. "表 1"

9. Excel 默认工作簿中有一个名称为（　　）的工作表。

    A. "Book"   B. "Book1"   C. "Sheet1"   D. "表 1"

10. 不能退出 Excel 应用程序的方法是（　　）。

    A. 按 Alt+F4 键

    B. 单击 Excel 窗口标题栏右端的"×"按钮

    C. 单击"文件"→"关闭"按钮

    D. 单击 Excel 窗口标题栏左侧的叉号图标

11. 在 Excel 2016 中，一个工作簿文件默认有（　　）个工作表。

    A. 1　　　　　　　　B. 3　　　　　　　　C. 16　　　　　　　　D. 255

12. 不属于 Excel 2016 快速访问工具栏默认按钮的是（　　）。

    A. 保存　　　　　　　B. 打开　　　　　　　C. 撤销　　　　　　　D. 恢复

13. Excel 中可存放（　　）数据形式。

    A. 常数和文字　　　　B. 文字和公式　　　　C. 常数和公式　　　　D. 常数和日期

14. 一个 Excel 文件就是一个（　　）。

    A. 工作簿　　　　　　B. 工作表　　　　　　C. Sheet1　　　　　　D. Book

15. 在 Excel 中，将日期 1997 年 11 月 10 日以日期格式输入一个单元格中，下列格式输入错误的是（　　）。

    A. 1997 年 11 月 10 日　　　　　　　　B. 1997/11/10

    C. 1997-11-10　　　　　　　　　　　　D. 1997:11:11

16. Excel 表格中的行相当于数据库中的（　　）。

    A. 记录　　　　　　　B. 字段　　　　　　　C. 记录号　　　　　　D. 以上都不正确

17. Excel 表格中的列相当于数据库中的（　　）。

    A. 记录　　　　　　　B. 字段　　　　　　　C. 记录号　　　　　　D. 以上都不正确

18. 在 Excel 中，若需要将"Sheet3"移动到同一工作簿中的工作表"Sheet1"前面，则以下操作不正确的是（　　）。

    A. 单击工作表"Sheet3"的标签，并将其沿着标签行拖动到"Sheet1"标签前

    B. 单击工作表"Sheet3"的标签，按住 Ctrl 键的同时将其沿着标签行拖动到"Sheet1"标签前

    C. 右击工作表"Sheet3"的标签，在弹出的快捷菜单中选择"移动或复制"命令

    D. 单击工作表"Sheet3"的标签，单击"开始"→"格式"按钮

19. 在分级显示分类汇总结果时，要想查看详细的数据，以 3 级显示为例，应选择（　　）。

    A. 1　　　　　　　　B. 2　　　　　　　　C. 3　　　　　　　　D. 4

20. 只需要复制某个单元格中的公式时，可在复制此单元格后，在目标单元格中执行（　　）操作。

    A. 粘贴　　　　　　　B. 选择性粘贴　　　　C. 剪切　　　　　　　D. 按 Ctrl+V 键

21. 工作表被保护后，此工作表的单元格中的内容和格式（　　）。

    A. 可以修改　　　　　　　　　　　　　B. 都不可修改、删除

    C. 可被复制、填充　　　　　　　　　　D. 可移动

22. Excel 工作表的最后一列的列标是（　　）。

    A. XFD　　　　　　　B. JW　　　　　　　C. WC　　　　　　　D. IZ

23. Excel 单元格中出现了"####"，这意味着（　　）。

    A. 单元格中的数值太长，在单元格中无法显示完全

B. 除零错误

C. 使用了不正确的数字

D. 引用了非法单元格

24. Excel 图表的显著特点是工作表中数据变化时，图表（　　　）。

　　A. 随之改变　　　　　　　　　　　　B. 不变化

　　C. 自然消失　　　　　　　　　　　　D. 生成新图表，保留原图表

25. 在 Excel 工作表中，不正确的单元格地址是（　　　）。

　　A. C$66　　　　　B. $C66　　　　　C. C6$6　　　　　D. $C$66

26. 在 Excel 中，使用鼠标在工作表中选取 A2:C5 区域，以下操作正确的是（　　　）。

　　A. 先单击 A2 单元格，再按住 Shift 键并单击 C5 单元格

　　B. 先单击 A2 单元格，再按住 Ctrl 键并单击 C5 单元格

　　C. 先单击 A2 单元格，再按住 Alt 键并单击 C5 单元格

　　D. 先单击 A2 单元格，再单击 C5 单元格

27. 在 Excel 中创建图表后，数据与图表（　　　）。

　　A. 只能在同一个工作表中

　　B. 只有当工作表在屏幕上有足够的显示区域时才可在同一工作表中

　　C. 既可以在同一个工作表中，又可以在不同的工作表中

　　D. 不能在同一个工作表中

28. 在 Excel 中创建图表时，可将图表创建在图表文件上，也可将图表绘制在（　　　）。

　　A. 工作表中　　　　　　　　　　　　B. 单元格中

　　C. 选中的某一行中　　　　　　　　　D. 选中的某一列中

29. 在快捷菜单中选择"插入"→"工作表"命令，每次可以插入（　　　）个工作表。

　　A. 1　　　　　　B. 2　　　　　　C. 3　　　　　　D. 4

30. 在打印 Excel 文件时，默认的打印范围是（　　　）。

　　A. 整个工作表　　　　　　　　　　　B. 整个工作簿

　　C. 工作表中的选定区域　　　　　　　D. 输入数据的区域和设置格式的区域

31. 在 Excel 工作表中，在单元格 A1 中输入了数值 4，在单元格 A2 中输入了数值 6，在单元格 A3 中输入了数值 6，在单元格 A4 中输入"＝A1＋A3"，则单元格 A4 中显示（　　　）。

　　A. 4　　　　　　B. 6　　　　　　C. 15　　　　　　D. 10

32. 在 Excel 工作表中，需在某一列连续的 20 行中输入完全一致的字符，在首行先输入字符，选定该列中的这 20 行，再单击（　　　）即可达到快速输入的目的。

　　A. "开始"→"填充"按钮　　　　　　B. "插入"→"表格"按钮

　　C. "数据"→"合并计算"按钮　　　　D. "插入"→"对象"按钮

33. 在 Excel 操作过程中，当鼠标指针的形状为"I"时，可以进行（　　）操作。

    A. 选择某些单元格　　　　　　　　　　B. 选择某个工作表

    C. 选择某个选项或单击某个按钮　　　　D. 输入汉字

34. 若单元格 D2 的值为 6，则函数"=IF(D2>8,D2/2,D2×2)"的结果为（　　）。

    A. 6　　　　　　　B. 12　　　　　　　C. 8　　　　　　　D. 16

35. Excel 中可以实现清除格式的操作是（　　）。

    A. 按 Ctrl+C 键　　　　　　　　　　　B. 按 Ctrl+V 键

    C. 按 Delete 键　　　　　　　　　　　D. 单击"开始"→"清除"按钮

36. 在 Excel 工作表中，A5 单元格表示（　　）。

    A. A 行 5 列　　　　B. A 列 5 行　　　C. 单元格中的数据　　D. 以上都不对

37. 对于工作表间单元格地址的引用，下列说法中正确的是（　　）。

    A. 不能进行

    B. 只能以绝对地址进行

    C. 只能以相对地址进行

    D. 既可以相对地址进行，又可以绝对地址进行

38. 在 Excel 中，函数 LEN("电子表格是什么")的值是（　　）。

    A. 14　　　　　　　B. 7　　　　　　　C. 9　　　　　　　D. 8

39. 在填写数据时，若单元格的宽度不够，则用（　　）填满单元格。

    A. !　　　　　　　　B. *　　　　　　　C. #　　　　　　　D. $

40. Excel 提供的（　　）功能能够显示公式中涉及的所有单元格。

    A. 追踪从属单元格　　B. 自动替换　　　C. 显示墨迹　　　D. 追踪引用单元格

41. 若想复制公式或单元格数值，则应单击（　　）→"选择性粘贴"按钮。

    A. "插入"　　　　　　B. "数据"　　　　C. "编辑"　　　　D. "开始"

42. 对于已经建立起来的图表，下列说法中正确的是（　　）。

    A. 如果源工作表数据发生改变，则图表随之更新

    B. 如果源工作表数据发生改变，则只能重新创建图表

    C. 如果源工作表列增加了，则图表中自动增加新的项目

    D. 如果源工作表行增加了，则图表中自动增加新的项目

43. 按 Esc 键或单击编辑栏中的（　　）按钮均可取消输入。

    A. √　　　　　　　　B. ×　　　　　　　C. fx　　　　　　　D. Tab

44. 若要将数字作为文本输入单元格中，则需先输入一个（　　）。

    A. 单引号　　　　　　B. 负号　　　　　C. 0　　　　　　　D. 半角空格

45. 为了帮助用户发现并纠正单词错误，Excel 提供了对英文单词进行（　　）的功能。

    A. 审核　　　　　　　B. 回归分析　　　C. 规划求解　　　D. 拼写检查

46. 若单元格 A2 的值为 5、单元格 B2 的值为 10，单元格 C1=SUM(A1,B1)，将单元格 C1 的内容复制到单元格 C2 中，则单元格 C2 显示（　　）。

    A. 10　　　　　　　　B. 5　　　　　　　　C. 0　　　　　　　　D. 15

47. 在 Excel 中，单元格分数格式表示以（　　）形式显示数据。

    A. 分数　　　　　　B. 小数　　　　　　C. 分数和小数　　　　D. 分数或小数

48. 当选择了一组工作表后，对活动工作表的操作事实上是对（　　）进行的。

    A. 活动工作表　　　　　　　　　　B. 所有工作表

    C. 所有被选中工作表　　　　　　　D. 任意一个工作表

49. 在 Excel 单元格中输入数据时，出现错误提示"#VALUE!"，该提示的含义为（　　）。

    A. 除零错误　　　　　　　　　　　B. 引用了非法单元格

    C. 使用了不正确的数字　　　　　　D. 使用了不正确的参数或运算符

50. 单元格的格式（　　）。

    A. 确定后可以改变　　　　　　　　B. 随时可以改变

    C. 确定后不可改变　　　　　　　　D. 根据输入的内容而定

51. 在 Excel 中，对整行、整列单元格进行操作时，下列描述错误的是（　　）。

    A. 工作表中的行号和列号一定是连续的　　B. 可以同时选定多个整行和多个整列

    C. 可以同时插入连续的多行或多列　　　　D. 一次可以移动多行或多列

52. Excel 公式是以（　　）开头的。

    A. =　　　　　　　　B. \　　　　　　　　C. |　　　　　　　　D. !

53. 在 Excel 中，公式中使用字符数据时，该数据（　　）。

    A. 必须用单引号或双引号引起来　　　　B. 必须用方括号括起来

    C. 必须用双引号引起来　　　　　　　　D. 无须使用任何定界符

54. 在 Excel 中，单元格的功能有（　　）。

    A. 存储、显示、排序

    B. 存储、显示、计算

    C. 排序、筛选、计算

    D. 数值计算、关系计算、逻辑计算、字符串计算

55. 在 Excel 中，先选中单元格 A1，再拖动单元格边框到单元格 A5，结果是（　　）。

    A. A1 中的内容移动到 A5 中

    B. A1 中的内容移动到 A2、A3、A4、A5 中

    C. A1 中的内容复制到 A5 中

    D. A1 中的内容复制到 A2、A3、A4、A5 中

56. 在 Excel 中，双击列标右边界可以（　　）。

    A. 自动调整列宽　　　B. 隐藏列　　　　　C. 锁定列　　　　　D. 选中列

57. Excel 中（　　）活动单元格。

    A. 只能有一个　　　　　　　　　　　　B. 可以有若干个

    C. 最多有 256 个　　　　　　　　　　　D. 反显的都是

58. 在 Excel 图表中不可以（　　）。

    A. 修改标题　　　　　　　　　　　　　B. 取消数据标记

    C. 为直方图加上误差线　　　　　　　　D. 将三维饼图旋转

59. Excel 图表不可以（　　）。

    A. 没有标题　　　　　　　　　　　　　B. 没有数据标记

    C. 将图表插入当前工作表中　　　　　　D. 将 X-Y 图旋转

60. 在 Excel 图表中可以加入（　　）。

    A. 脚注　　　　　　　B. 尾注　　　　　　　C. 批注　　　　　　　D. 标题

61. 默认情况下，保存 Excel 编辑的文件时，文件类型为（　　）。

    A. 工作簿文件　　　　B. 工作表文件　　　　C. 文档文件　　　　　D. DBF 文件

62. 单元格地址$A3 为（　　）。

    A. 绝对地址　　　　　B. 相对地址　　　　　C. 混合地址　　　　　D. 错误

63. 当向一个单元格粘贴数据时，粘贴数据将（　　）单元格中的原有数据。

    A. 取代　　　　　　　B. 加上　　　　　　　C. 减去　　　　　　　D. 都不对

64. 活动单元格的右下角有一个小黑点，称为（　　）。

    A. "复制"按钮　　　　B. 填充柄　　　　　　C. "移动"按钮　　　　D. 无意义

65. 若要设置单元格的底纹，则可单击"开始"→（　　）。

    A. "格式"按钮　　　　　　　　　　　　B. "填充颜色"按钮

    C. "条件格式"按钮　　　　　　　　　　D. "格式刷"按钮

66. Excel 中的嵌入图表是指（　　）。

    A. 工作簿中只包含图表的工作表　　　　B. 包含在工作表中的工作簿

    C. 置于工作表中的图表　　　　　　　　D. 新创建的工作表

67. 默认情况下，单元格中数值型数据的水平对齐方式为（　　）。

    A. 右对齐　　　　　　B. 居中　　　　　　　C. 左对齐　　　　　　D. 分散对齐

68. 若要精确设置单元格的行高，则应单击"开始"→（　　）按钮。

    A. "条件格式"　　　　B. "格式刷"　　　　　C. "格式"　　　　　　D. "插入"

69. 在"页面布局"菜单中，不可以设置（　　）。

    A. 页眉　　　　　　　B. 纸张类型　　　　　C. 打印顺序　　　　　D. 工作表背景

70. 右击工作表标签，弹出的快捷菜单中含有（　　）命令。

    A. "插入"　　　　　　　　　　　　　　B. "删除"

    C. "移动或复制工作表"　　　　　　　　D. A、B、C 都有

71. 如果要对一个区域中的各行数据求和，则可应用（　　）函数。

    A. AVERAGE   B. SUM   C. COUNT   D. MAX

72. 选取多个不连续的单元格区域时，可先选取一个区域，按住（　　）键不放，再选取其他区域。

    A. Shift   B. Ctrl   C. Tab   D. Esc

73. 在单元格 B5 中输入公式"=\$B\$1+\$B\$3"，复制到单元格 C5 中，C5 的内容将是（　　）。

    A. 单元格 B1、C3 的值之和   B. 单元格 C1、B3 的值之和

    C. 单元格 B1、B3 的值之和   D. 单元格 C1、C3 的值之和

74. 在 Excel 中，计算"4>5"的结果为（　　）。

    A. 0   B. 1   C. FALSE   D. TRUE

75. 在 Excel 中，当用户输入数据时，状态栏将显示（　　）。

    A. 输入   B. 编辑   C. 插入   D. 修改

76. 在 Excel 中，若要输入当前的时间，则可按（　　）键。

    A. Alt+Shift+;   B. Ctrl+Alt +:   C. Ctrl+Shift+;   D. Ctrl +:

77. 在 Excel 中，若要输入当天的日期，则可按（　　）键。

    A. Alt +;   B. Alt +:   C. Ctrl +;   D. Ctrl +:

78. 在 Excel 中，SUM(A1:A4)相当于（　　）。

    A. A1×A4   B. A1/A4   C. A1+A4   D. A1+A2+A3+A4

79. 工作表的单元格 B5 中有公式 SUM(B2:B4)，将其复制到单元格 C7 中后变为（　　）。

    A. SUM(B2:B4)   B. SUM(C4:C6)

    C. SUM(C2:C4)   D. SUM(B4:B6)

80. 在 Excel 中创建图表可使用（　　）。

    A. 模板   B. 图表向导   C. 插入图表   D. 图文框

81. Excel 可将文件保存为包含多个（　　）的工作簿。

    A. 工作表   B. 页面   C. 文件   D. 表格

82. 拖动滚动条查看工作表的其他内容时，"滚动提示"显示将要移动到的（　　）。

    A. 单元格内容   B. 行号或列标

    C. 单元格注释   D. 单元格的自然语言名称

83. 使用对齐功能中的（　　）功能，可使某个单元格的内容在若干连续列的范围内居中。

    A. 左对齐   B. 右对齐   C. 居中对齐   D. 跨列居中

84. 可以在（　　）下拉列表中创建单元格区域的名称。

    A."名称"   B."条目"   C."数据"   D."函数"

85. （　　）函数用于计算选定单元格区域数据的平均值。

    A. SUM   B. AVERAGE   C. COUNTIF   D. RATE

86. 旋转单元格中的文本功能可以将单元格中的文本旋转（　　）。

  A. 45°   B. 90°   C. 180°   D. 任意角度

87. （　　）单元格可以选定、编辑单元格并设置其中个别字符的格式，这是经常需要用到的功能。

  A. 双击   B. 单击

  C. 按住 Shift 键并单击   D. 按住 Alt 键并单击

88. Excel 在打开可能包含病毒的工作簿时将显示警告，可以在打开这些工作簿时选择不打开其中的宏，防止（　　）的传染。

  A. 宏病毒   B. CIH 病毒   C. DIR 病毒   D. STONE

89. 修改一个单元格或一个区域内容时应先（　　），再编辑。

  A. 选择   B. 进入汉字

  C. 查找   D. 进入西文状态

90. 工作表的某行或某列被隐藏后，在打印预览时（　　）。

  A. 不可见   B. 可见

  C. 不确定   D. 不能预览

【填空题】

1. 一个 Excel 工作簿默认有（　　）个工作表，工作表的数量可以通过单击（　　）菜单中的（　　）按钮修改，一个工作簿内最多有（　　）个工作表。

2. 在 Excel 中，要在一个工作表的单元格中输入分数"十四分之一"，需先输入（　　），空一个半角空格后再输入 1/14。

3. 在 Excel 中，一个工作表的第 5 行与 E 列交叉处的单元格的绝对引用地址为（　　）。

4. 在 Excel 中，公式必须以（　　）开始。

5. 在 Excel 中，一个工作表的最大列标是（　　）。

6. 在 Excel 中，当按（　　）键时，在屏幕上将显示"Excel 帮助"。

7. 分类汇总前必须对要分类的项目进行（　　）。

8. 当 Excel 工作表中的数据发生变化后，相应的图表应该（　　）。

9. 在 Excel 单元格引用中，单元格地址会随位移的方向与大小而改变的称为（　　）。

10. 工作表区包括（　　）、网格线、（　　）、列标、滚动条和（　　）。

11. Excel 提供了（　　）和（　　）两种筛选方式。

12. 如果向单元格中输入的数据是以"0"开头的某种编号，则需要将所选单元格数字类型设置为（　　）。

13. Excel 提供了（　　）和（　　）两种排序方法。

14. 数据的筛选就是将符合条件的数据集中（　　）在工作表上，将不符合要求的数据（　　）起来。

15. 在 Excel 中，选择多个不相邻的工作表时，可先单击第一个工作表的标签，然后按（　　　）键，再单击其他工作表的标签。

16. Excel 规定，在同一时间内一个工作表中（　　　）单元格是活动的。

17. 对单元格地址的引用有（　　　）、（　　　）和（　　　）。

18. 字符在单元格中将自动（　　　）对齐，数值型数据将自动（　　　）对齐。

19. Excel 中的错误提示信息以（　　　）开头。

20. 如果 A1:A5 包含数字 8、11、15、32 和 4，则 MAX(A1:A5)=（　　　）。

21. SUM("3",3)等于（　　　）。

22. 默认情况下，一个 Excel 工作簿有 3 个工作表，其中，第一个工作表的默认名称是（　　　），为了改变工作表的名称，可以（　　　），在弹出的快捷菜单中选择"重命名"命令。

23. Excel 可以利用数据清单实现数据管理功能。在数据清单中，每一列称为一个（　　　），它存放的是相同类型的数据。数据清单的每一行称为（　　　），以后表中的每一行称为一条（　　　），用于存放一组相关的数据。

24. 在 Excel 中，单元格的引用有（　　　）和（　　　）。

25. 在 Excel 中，为区分数字、数字字符串，在输入的数字字符串前应加上（　　　）符号。

26. 在 Excel 中，假定存在一个数据库工作表，内含姓名、专业、奖学金、成绩等项目，现要求按奖学金从高到低对相同专业的学生信息进行排序，则要进行多个关键字段的排序，并且主要关键字是（　　　）。

27. 在 Excel 中输入数据时，如果输入的数据具有某种内在规律，则可以利用（　　　）功能。

28. 在 Excel 中，利用"格式刷"按钮可以复制字符格式，对该按钮（　　　）可连续复制多处。

29. 假设单元格 A2 的内容为"a2"、单元格 A3 的内容为数字"5"，则 COUNT(A2:A3)的值为（　　　）。

30. 在 Excel 中，已知在 A1:A10 中输入了数值型数据，现要求用红色显示 A1:A10 中数值小于 60 的数据，用蓝色表示大于等于 60 的数据，则可单击"开始"菜单中的（　　　）按钮。

【判断题】

1. 在 Excel 中，先选中某一个单元格，再按 Delete 键，会将单元格及其内容删除。（　　　）

2. 在 Excel 中，由于其表格是依据纸张表格而建立的，因此只能建立二维表。（　　　）

3. 一个 Excel 文件就是一个工作簿，工作簿由一个或多个工作表组成，工作表又包含单元格，一个单元格中只有一个数据。（　　　）

4. 在 Excel 的"页面设置"对话框中，可在"打印质量"下拉列表中选择打印机打印时使用的分辨率。（　　　）

5. 在某个单元格中输入公式"=SUM($A$1:$D$10)"或"=SUM(A1:D10)"，最后计算出的值是一样的。（　　　）

6. 如果需要在工作表的 D 列和 E 列中间插入一列，则可以先选中 D 列的某个单元格，再进行相关操作。（　　）

7. 若 Excel 工作簿设置为"只读"，则对工作簿的更改一定不能保存在同一个工作簿文件中。（　　）

8. Excel 支持复合函数，即一个函数的返回值是另一个函数的参数。（　　）

9. 行和列的交叉点即为工作表的基本元素，称为单元格。（　　）

10. 在 Excel 中，对任何一条记录进行修改后，可单击"恢复"按钮取消修改。（　　）

11. Excel 中用来处理和存储工作数据的文件称为工作表。（　　）

12. 单元格是工作表的基本单元和最小的独立单位。（　　）

13. Excel 数据以图形方式显示在图表中。图表与生成它们的工作表数据相链接，当修改工作表的数据时，图表肯定会更新。（　　）

14. 在 Excel 中输入分数时，应先输入"0"，再输入分数。（　　）

15. 在 Excel 中，向单元格中输入的数据可以是常量，也可以是公式和函数。（　　）

16. 在 Excel 中，可以选定不连续的单元格。（　　）

17. 在 Excel 中，图表一旦建立，其标题的字体、字形是不可以改变的。（　　）

18. 在 Excel 中，输入公式时一般要以"+"开头。（　　）

19. 假如需要向工作表中输入一组按一定规律排列的数据（如一组时间、日期和数字序列），可以使用 Excel 的数据填充功能来完成。（　　）

20. 在单元格中显示的文本或数据内容过长的情况下，可将其所在单元格的格式设置为自动换行。（　　）

21. 用户不可以更改工作簿中包含的工作表的数量。（　　）

22. 在 Excel 中，单击鼠标右键，将弹出带有"复制""粘贴"命令的快捷菜单。（　　）

23. 在公式中只能使用行号、列标命名单元格。（　　）

24. 用户不可以在公式中引用合并后的单元格。（　　）

25. 如果要查找数据清单中的内容，则可以使用"筛选"功能，只显示包含指定内容的数据行。（　　）

26. 在完成图表的创建之后，可以改变图表的类型，但不能增加图表的图例。（　　）

27. 如果单击"清除内容"按钮，则会删除所选的行和列的内容，同时删除该行和列。（　　）

28. 打印 Excel 表格时，可以根据需要选择打印行号和列号。（　　）

29. 对 Excel 数据清单中的数据进行修改时，当前活动单元格必须在数据清单内的任一单元格中。（　　）

30. 在 Excel 中，若只需打印工作表的部分数据，则应先将它们复制到一个单独的工作表中。（　　）

31. 单击"文件"→"打印"按钮和单击工具栏中的"打印"按钮具有完全相同的功能。（　　）

32. 利用"格式刷"功能复制的仅仅是单元格的格式，不包括内容。（　　）

33. 对于记录单中的记录，用户可以直接在数据表中对其进行插入、修改和删除操作，也可以通过在"记录单"对话框中单击"记录单"按钮完成。（　　）

34. 在使用函数进行运算时，如果不需要参数，则函数后面的括号可以省略。（　　）

35. 第一次存储一个文件时，单击"保存"按钮和单击"另存为"按钮没有区别。（　　）

学习单元5

信息展示与发布——Microsoft PowerPoint 2016的应用基础知识

【单项选择题】

1. PowerPoint 2016 制作的演示文稿是由若干（　　）组成的文档。

    A. 幻灯片　　　　　　B. 投影片　　　　　　C. 文本　　　　　　D. Word 文档

2. 在 PowerPoint 中，要进行幻灯片页面设置、主题选择，可以在（　　）菜单中操作。

    A. "开始"　　　　　　B. "插入"　　　　　　C. "视图"　　　　　　D. "设计"

3. PowerPoint 2016 的视图模式有（　　）种，可以随时切换。

    A. 6　　　　　　　　B. 5　　　　　　　　C. 4　　　　　　　　D. 3

4. （　　）视图模式包括幻灯片浏览视图和大纲视图，是 PowerPoint 2016 默认的显示方式。

    A. 普通　　　　　　B. 浏览　　　　　　C. 大纲　　　　　　D. 放映

5. 从当前幻灯片开始放映幻灯片的快捷键是（　　）。

    A. Shift+F5　　　　　B. Shift+F3　　　　　C. Shift+F4　　　　　D. Shift+F2

6. 在幻灯片（　　）视图下可以从整体浏览所有幻灯片的效果。

    A. 普通　　　　　　B. 浏览　　　　　　C. 大纲　　　　　　D. 放映

7. PowerPoint 2016 文件的默认扩展名是（　　）。

    A. .pptx　　　　　　B. .pdf　　　　　　C. .ppt　　　　　　D. .docx

8. 要让 PowerPoint 2016 制作的演示文稿在 PowerPoint 2003 中放映，必须将演示文稿的保存类型设置为（　　）。

    A. PowerPoint 演示文稿（*.pptx）　　　　　B. PowerPoint 97-2003 演示文稿（*.ppt）

    C. XPS 文档（*.xps）　　　　　　　　　　D. Windows Media 视频（*.wmv）

9. 下面不是 PowerPoint 2016 默认的幻灯片版式的是（　　）。

    A. 仅标题　　　　　　B. 标题和内容　　　　　C. 标题和文本　　　　D. 空白

10. 在进行幻灯片动画设置时，可以设置的动画类型是（　　）。

    A. 进入　　　　　　B. 强调　　　　　　C. 退出　　　　　　D. A、B、C 都是

11. 需要对幻灯片进行保存、打开、新建、打印等操作时，应在（　　）中操作。

    A. "文件"菜单　　　　　　　　　　B. "开始"菜单

    C. "设计"菜单　　　　　　　　　　D. "审阅"菜单

12. 若需在播放幻灯片中途退出幻灯片放映，则可按（　　　）键。

    A. Esc　　　　　　　B. Backspace　　　　C. Enter　　　　　　D. Alt+F4

13. "设置放映方式"对话框中没有的放映类型是（　　　）。

    A. 演讲者放映（全屏幕）　　　　　　　　B. 观众自行浏览（窗口）

    C. 在展台浏览（全屏幕）　　　　　　　　D. 定时放映

14. 在没有安装 PowerPoint 的计算机中可以将演示文稿（　　　）使用播放器程序播放。

    A. 打包　　　　　　　　　　　　　　　　B. 制作为 AVI 文件

    C. 制作为 CD　　　　　　　　　　　　　D. 不能播放

15. 在 PowerPoint 2016 中，字号数值越小，字符的尺寸（　　　）。

    A. 越大　　　　　　　　　　　　　　　　B. 数值为汉字时大

    C. 数值为数字时大　　　　　　　　　　　D. 越小

16. 演示文稿中很多文本使用同一种格式，可以利用（　　　）按钮实现。

    A. "复制"　　　　　　B. "格式刷"　　　　　C. "格式"　　　　　　D. "剪切"

17. 幻灯片中可以插入指定图像文件和（　　　）。

    A. 系统图形　　　　　B. 自选图形　　　　　C. 设置图形　　　　　D. 图形模板

18. 将鼠标指针移动到自选图形正上方的实心圆上，拖动鼠标图形可（　　　）。

    A. 向上调整大小　　　B. 旋转　　　　　　　C. 向下调整大小　　　D. 整体调整大小

19. 选中图片后，通过（　　　）菜单中的按钮可以对图片进行裁剪、旋转、重新着色和设置透明度等操作。

    A. "图片工具"　　　　B. "绘图工具"　　　　C. "开始"　　　　　　D. "图表工具"

20. 单击"插入"→"图表"按钮，弹出（　　　）。

    A. 样图和"数据表"对话框　　　　　　　B. 图表

    C. "图表"对话框　　　　　　　　　　　D. 样式表

21. 单击"设计"→（　　　）按钮可设置幻灯片大小、方向，设置幻灯片的起始页码等。

    A. "属性"　　　　　　B. "形状"　　　　　　C. "页面设置"　　　　D. "幻灯片方向"

22. 要在幻灯片中插入表格、图片、艺术字、视频、音频等元素时，应在（　　　）中操作。

    A. "文件"菜单　　　　　　　　　　　　　B. "开始"菜单

    C. "插入"菜单　　　　　　　　　　　　　D. "设计"菜单

23. 单击播放幻灯片中的影片，再次单击，将会（　　　）。

    A. 返回幻灯片　　　　　　　　　　　　　B. 暂停播放

    C. 没反应　　　　　　　　　　　　　　　D. 播放下一张幻灯片

24. 设置幻灯片放映时间间隔时，要单击"幻灯片放映"→（　　　）按钮。

    A. "排练计时"　　　　　　　　　　　　　B. "设置幻灯片放映"

    C. "广播幻灯片"　　　　　　　　　　　　D. "间隔设置"

25. 不能退出 PowerPoint 2016 应用程序的方法是（   ）。

   A. 按 Alt+F4 键
   B. 单击标题栏右端的"×"按钮
   C. 单击"文件"→"关闭"按钮
   D. 单击标题栏左侧的"×"图标

26. PowerPoint 2016 中的菜单有（   ）两种形式。

   A. 下拉列表和快捷菜单
   B. 下拉列表和提示菜单
   C. 快捷菜单和提示菜单
   D. 下拉列表和目录菜单

27. 图表的显著特点是数据表中的数据变化时，图表（   ）。

   A. 随之改变
   B. 不出现变化
   C. 自然消失
   D. 生成新图表，保留原图表

28. 单击"开始"→"新建幻灯片"按钮后，新插入的幻灯片在当前幻灯片的（   ）。

   A. 前面
   B. 后面
   C. 不确定
   D. 不变

29. 按住（   ）键的同时分别选定要删除的幻灯片，直接按 Delete 键，可以将选定的多张幻灯片删除。

   A. Shift
   B. Esc
   C. Ctrl
   D. Delete

30. 从第一张幻灯片开始放映幻灯片的快捷键是（   ）。

   A. F2
   B. F3
   C. F4
   D. F5

【填空题】

1. 幻灯片中既可以包含文字信息，又可以包含（   ）、（   ）和（   ）等对象。

2. PowerPoint 2016 的视图模式有（   ）、（   ）和（   ）。

3. 幻灯片缩略图的前面有此幻灯片的（   ）和动画播放按钮。

4. 在大纲不能完整显示时，可以拖动窗格的（   ）调整各窗格的大小。

5. 可以通过（   ）选择演示文稿的类型、用途、展示形式。

6. 利用文本框添加文本时，可根据需要选择（   ）排文本框和（   ）排文本框。

7. 选中动作设置对象，单击"插入"→（   ）按钮会弹出操作设置对话框。

8. 幻灯片放映时，若要查看下一张幻灯片，则可以单击鼠标（   ）或按（   ）键或按（   ）键。

9. 放映非交互式的演示文稿时可根据预设时间一张一张自动演示，即（   ）功能。

10. 幻灯片放映时，系统默认的设置是播放演示文稿的（   ）。

11. 使用 PowerPoint 2016 所创建的用于演示的文件称为（   ），其扩展名为（   ）；模板文件的扩展名为（   ）。

12. 在 PowerPoint 2016 中，当使用到拼写检查、语言翻译、中文简繁体转换等功能时，应在（   ）菜单中进行操作。

13. 给幻灯片添加切换效果是一种简单有效的提升趣味性的方法，其操作是在（   ）中进行的。

14. 若要在 PowerPoint 2016 中设置幻灯片动画，则应在（   ）菜单中进行操作。

15. PowerPoint 2016 的普通视图可同时显示幻灯片、大纲和（   ），而这些视图所在的窗口都可以调整大小，以便看到所有的内容。

16. 如果放映的过程中添加了（   ），则在结束放映时，系统会询问是否保存墨迹以在下次放映时显示。

17. PowerPoint 2016 的一大特色就是可以使演示文稿的所有幻灯片具有一致的外观。控制幻灯片外观的方法主要有（   ）。

18. 在 PowerPoint 2016 中可以完成统计、计算等操作，这是通过插入（   ）来实现的。

19. PowerPoint 2016 中是通过（   ）的方式来插入 Flash 动画的。

20. 进入幻灯片母版的方法是（   ）。

【判断题】

1. PowerPoint 2016 与其他 Office 2016 系列软件的启动和运行方式基本相同。（   ）

2. 在 PowerPoint 2016 的"视图"菜单中，演示文稿视图有"普通视图""幻灯片浏览视图""备注页视图""阅读视图" 4 种。（   ）

3. PowerPoint 2016 默认的显示方式是大纲视图。（   ）

4. 在大纲视图下可以方便地对幻灯片内容进行修改和调整。（   ）

5. PowerPoint 2016 可以直接打开使用 PowerPoint 2003 制作的演示文稿。（   ）

6. 在幻灯片浏览视图下可以对某张幻灯片进行编辑及修改。（   ）

7. PowerPoint 2016 包括快速访问工具栏、菜单栏和工具栏。（   ）

8. 在 PowerPoint 2016 中，可以插入剪贴画、艺术字、组织结构图等形式的图片。（   ）

9. 只要幻灯片不切换，幻灯片声音将会一直播放。（   ）

10. 模板是通过对母版的编辑和修饰来制作的，不可以自己设计及制作模板。（   ）

11. 当单击幻灯片中的图片时，可能会启动 Word 程序。（   ）

12. 在 PowerPoint 2016 中，可以在"设计"菜单中进行幻灯片的页面设置、主题模板的选择和设计。（   ）

13. PowerPoint 2016 的快速访问工具栏中的按钮不能增加或删除。（   ）

14. 在幻灯片中设置背景格式时，选择"关闭"和"全部应用"的效果是一样的。（   ）

15. 播放幻灯片中的影片时，单击影片可将其放大至全屏。（   ）

学习单元6
计算机网络与应用的基础知识

【单项选择题】

1. 所谓互联网，指的是（　　）。

   A. 同类型的网络及其产品相互连接　　　　B. 同种或异种类型的网络产品相互连接

   C. 大型主机与远程终端相互连接　　　　　D. 若干台大型主机相互连接

2. 早期的计算机网络是由（　　）组成的。

   A. 计算机-通信线路-计算机　　　　　　　B. PC-通信线路-PC

   C. 终端-通信线路-终端　　　　　　　　　D. 计算机-通信线路-终端

3. Internet 起源于（　　）。

   A. 美国　　　　　　　B. 英国　　　　　　C. 德国　　　　　　D. 澳大利亚

4. 分布在一座办公大楼或某个集中建筑群中的网络被称为（　　）。

   A. 广域网　　　　　　B. 专用网络　　　　C. 公共网络　　　　D. 局域网

5. 计算机网络中可以共享的资源包括（　　）。

   A. 硬件、软件、数据、通信信道　　　　　B. 主机、外部设备、软件、通信信道

   C. 硬件、程序、数据、通信信道　　　　　D. 主机、程序、数据、通信信道

6. Windows NT 是一种（　　）。

   A. 网络操作系统　　　　　　　　　　　　B. 单用户、单任务操作系统

   C. 文字处理系统　　　　　　　　　　　　D. 应用程序

7. 在（　　）中，每个工作站直接连接到一个公共通信通道。

   A. 环形拓扑结构　　　　　　　　　　　　B. 总线型拓扑结构

   C. 星形拓扑结构　　　　　　　　　　　　D. 以上都不是

8. 计算机网络拓扑结构主要取决于它的（　　）。

   A. 资源子网　　　　　　　　　　　　　　B. FDDI 网

   C. 通信子网　　　　　　　　　　　　　　D. 城域网

9. 在电子邮件服务中，"邮局"一般放在（　　）。

   A. 发送方的个人计算机中　　　　　　　　B. ISP 主机中

   C. 接收方的个人计算机中　　　　　　　　D. 服务器中

10. 局域网和广域网的主要划分依据是（　　　）。

    A. 网络硬件　　　　　B. 网络软件　　　　　C. 网络覆盖范围　　　D. 网络应用

11. 目前使用最广泛、影响最大的全球计算机网络是（　　　）。

    A. Novell Net　　　　B. Ethernet　　　　　C. CERNET　　　　　D. Internet

12. 广域网和局域网是按（　　　）来划分的。

    A. 网络用途　　　　　　　　　　　　B. 传输控制规程

    C. 拥有工作站的多少　　　　　　　　D. 网络连接距离

13. 计算机网络是按（　　　）互相通信的。

    A. 信息交换方式　　　B. 共享软件　　　　　C. 分类标准　　　　　D. 网络协议

14. 计算机网络的硬件包括网络服务器、工作站、通信链路、辅助设备和（　　　）。

    A. 通信设备　　　　　B. 网络电缆　　　　　C. 网络打印机　　　　D. 网络适配器

15. 无盘工作站的优点之一是（　　　）。

    A. 用户入网操作方便

    B. 和网络服务器的连接比较简单

    C. 能防止病毒通过工作站进入文件服务器

    D. 加电后不需要执行引导程序就可以与网络中的服务器连接

16. 可以在任何微机局域网中担任数据传输介质的是（　　　）。

    A. 双绞线　　　　　　B. 网络适配器　　　　C. 联网电缆　　　　　D. 同轴电缆

17. 计算机网络目前常用的分类是（　　　）。

    A. 数据传输网络和电视电话网　　　　B. 专用网络和公共网络

    C. 广域网和局域网　　　　　　　　　D. 公用通信网和数据服务网

18. 计算机网络中的拓扑结构是一种（　　　）。

    A. 实现异地通信的方案　　　　　　　B. 理论概念

    C. 设备在物理上的连接形式　　　　　D. 传输信道的分配

19. 下列说法错误的是（　　　）。

    A. 电子邮件服务是 Internet 提供的一项基本服务

    B. 电子邮件具有快速、高效、方便、价廉等特点

    C. 通过电子邮件，可向世界上任何一个角落的网络用户发送信息

    D. 可发送的多媒体只有文字和图像

20. Internet 中的每台计算机用户都有一个独有的（　　　）。

    A. E-mail 地址　　　　B. 协议地址　　　　　C. TCP/IP 地址　　　D. IP 地址

21. 建立计算机网络的目标是（　　　）。

    A. 实现异地通信　　　　　　　　　　B. 便于计算机之间互相交换信息

    C. 共享硬件、软件和数据资源　　　　D. 增加计算机的用途

22. 计算机网络系统中的资源可分为三大类：（　　　　）、软件资源和硬件资源。

    A. 设备资源　　　　　B. 程序资源　　　　　C. 数据资源　　　　　D. 文件资源

23. 采用令牌传递方式控制访问的局域网的拓扑结构是（　　　）。

    A. 环形　　　　　　　B. 总线型　　　　　　C. 树形　　　　　　　D. 星形

24. ODI 是（　　　）。

    A. 网络传输协议　　　　　　　　　　　　B. 开放数据链路接口

    C. 开放数据互连　　　　　　　　　　　　D. 电子数据交换系统

25. 接收新邮件应单击（　　）按钮。

    A. "发送/接收"　　　B. "收件箱"　　　　C. "新邮件"　　　　D. "已发送邮件"

26. MAC 地址的另一个名称是（　　　）。

    A. 二进制地址　　　　B. 八进制地址　　　C. 物理地址　　　　D. TCP/IP 地址

27. 要想在 Edge 浏览器中看到最近访问过的网站的列表，可以（　　　）。

    A. 单击"后退"按钮　　　　　　　　　　　B. 按 Backspace 键

    C. 按 Ctrl+F 键　　　　　　　　　　　　D. 单击标准按钮工具栏中的"历史"按钮

28. 电子邮件地址的一般格式为（　　　）。

    A. 用户名@域名　　　　　　　　　　　　B. 域名@用户名

    C. IP 地址@域名　　　　　　　　　　　　D. 域名@ IP 地址

29. 查看网络资源需要双击（　　　）图标。

    A. 此电脑　　　　　　B. Internet　　　　　C. 网上邻居　　　　　D. 网络

30. 在大中型局域网中，网络操作系统一般采用以（　　　）为基础的局域网操作系统。

    A. DOS　　　　　　　　　　　　　　　　B. 多任务操作系统

    C. 网络协议软件　　　　　　　　　　　　D. 服务器操作系统

31. 计算机网络最突出的优点是（　　　）。

    A. 精度高　　　　　　B. 内存容量大　　　C. 运算速度快　　　　D. 共享资源

32. Novell 网使用的网络操作系统是（　　　）。

    A. ISDN　　　　　　　B. CERNET　　　　　C. NetWare　　　　　D. UNIX

33. 信息高速公路传送的是（　　　）。

    A. 二进制数据　　　　B. 系统软件　　　　C. 应用软件　　　　D. 多媒体信息

34. 电子邮件能传送的信息（　　　）。

    A. 是压缩的文字和图像信息　　　　　　　B. 只能是文本格式的文件

    C. 是标准 ASCII 字符　　　　　　　　　D. 是文字、声音、图形、图像信息

35. 申请免费电子信箱必须（　　　）。

    A. 写信申请　　　　　　　　　　　　　　B. 电话申请

    C. 电子邮件申请　　　　　　　　　　　　D. 在线注册申请

36. FTP 是 Internet 中（　　　）。

　　A. 发送电子邮件的软件　　　　　　　　B. 浏览网页的工具

　　C. 用来传送文件的一种服务　　　　　　D. 一种聊天工具

37. 在传送数据时，以原封不动的形式将来自终端的信息送入线路，称为（　　　）。

　　A. 频带传输　　　　B. 调制　　　　C. 解调　　　　D. 基带传输

38. 进入 IE 浏览器需要双击（　　　）图标。

　　A. 网上邻居　　　　　　　　　　　　　B. 网络

　　C. 此电脑　　　　　　　　　　　　　　D. Internet Explorer

39. 属于集中控制方式的网络拓扑结构是（　　　）。

　　A. 星形拓扑结构　　B. 环形拓扑结构　　C. 总线型拓扑结构　　D. 树形拓扑结构

40. 下列传输介质中，带宽最大的是（　　　）。

　　A. 双绞线　　　　　B. 同轴电缆　　　　C. 光缆　　　　D. 无线电波

41. 不属于电子邮件系统主要功能的是（　　　）。

　　A. 生成邮件　　　　　　　　　　　　　B. 发送和接收邮件

　　C. 建立电子邮箱　　　　　　　　　　　D. 自动销毁邮件

42. 如果电子邮件到达时计算机没有开机，那么电子邮件将（　　　）。

　　A. 退回给发信人　　　　　　　　　　　B. 保存在服务提供商的主机上

　　C. 过一会儿再重新发送　　　　　　　　D. 永远不再发送

43. Home Page 指 WWW 站点的（　　　）。

　　A. 网页　　　　　　B. 主页　　　　　　C. 任意页　　　　D. 名称

44. TCP/IP 中的 TCP 位于 OSI 中的（　　　）。

　　A. 应用层　　　　　B. 网络层　　　　　C. 物理层　　　　D. 传输层

45. 在下列网络拓扑结构中，共享资源能力最差的是（　　　）。

　　A. 环形拓扑结构　　　　　　　　　　　B. 树形拓扑结构

　　C. 总线型拓扑结构　　　　　　　　　　D. 星形拓扑结构

46. 在局域网中，运行网络操作系统的设备是（　　　）。

　　A. 网络工作站　　　B. 网络服务器　　　C. 网卡　　　　D. 网桥

47. 局域网传输距离为（　　　）。

　　A. 几百米到几千米　　B. 几十千米　　　C. 几百千米　　　D. 几千千米

48. OSI 将计算机网络体系结构的通信协议规定为（　　　）。

　　A. 5 层　　　　　　　B. 6 层　　　　　　C. 7 层　　　　　D. 8 层

49. IEEE 802 网络协议只覆盖 OSI 的（　　　）。

　　A. 应用层与传输层　　　　　　　　　　B. 应用层与网络层

　　C. 数据链路层与物理层　　　　　　　　D. 应用层与物理层

50. 计算机网络中的节点是指（　　　）。

    A. 网络工作站

    B. 在通信线路与主机之间设置的通信线路控制处理机

    C. 为延长传输距离而设立的中继站

    D. 传输介质的连接点

51. 调制解调器的功能是（　　　）。

    A. 将数字信号转换成模拟信号

    B. 将模拟信号转换成数字信号

    C. 兼有 A 与 B 的功能

    D. 使用不同频率的载波将信号变换到不同频率范围

52. 波特率表示为（　　　）。

    A. 位/秒　　　　　　B. 字节/秒　　　　　C. 千位/秒　　　　　D. 千字节/秒

53. 波特率是网络传输（　　　）进制数据的速率。

    A. 二　　　　　　　B. 八　　　　　　　C. 十　　　　　　　D. 十六

54. 以下不是局域网结构的是（　　　）。

    A. Ethernet　　　　B. Token Ring　　　C. FDDI　　　　　　D. IC

55. 中国电信集团所属的因特网服务组织是（　　　）。

    A. ISP　　　　　　B. ICP　　　　　　C. ASP　　　　　　D. COM

56. 局域网中不能共用的资源是（　　　）。

    A. 软盘驱动器　　　B. 打印机　　　　　C. 硬盘　　　　　　D. 视频捕获卡

57. 计算机网络系统中的每台计算机都是（　　　）。

    A. 相互控制的　　　B. 相互制约的　　　C. 各自独立的　　　D. 毫无联系的

58. 关于路由器的功能，以下说法正确的是（　　　）。

    A. 增加网络的带宽

    B. 实现广域网中各局域网与电信线路的连接和通信

    C. 实现 TCP/IP 与 IPX/SPX 之间的协议转换

    D. 降低数据传输的时间延迟

59. 下列不属于局域网设备的是（　　　）。

    A. 网络交换机　　　B. 集线器　　　　　C. Modem　　　　　D. 令牌环网卡

60. 在网络体系结构中，OSI 表示（　　　）。

    A. Operating System Information　　　　B. Open System Information

    C. Open System Interconnection　　　　 D. Operating System Interconnection

61. 局域网使用的数据传输介质有同轴电缆、双绞线和（　　　）。

    A. 电话线　　　　　B. 电缆线　　　　　C. 光缆　　　　　　D. 总线

62. 电子邮件软件的功能是建立电子邮箱、生成邮件、发送邮件和（　　）。

    A. 处理邮件　　　　　　　　　　　　　B. 接收邮件

    C. 修改电子邮件　　　　　　　　　　　D. 为待发邮件添加.pdk 扩展名

63. ISP 是（　　）。

    A. Internet 服务提供商　　　　　　　　B. 一种网络协议

    C. 一种应用软件　　　　　　　　　　　D. 一台计算机设备

64. 将一台用户主机以仿真终端方式登录到一个过程的分时计算机系统称为（　　）。

    A. 浏览　　　　　　B. FTP　　　　　　C. 链接　　　　　　D. 远程登录

65. 以下对电子邮件的描述中，错误的是（　　）。

    A. 电子邮件地址是唯一的　　　　　　　B. 电子邮件地址是由 ISP 确认的

    C. 电子邮件地址不是唯一的　　　　　　D. 电子邮件地址可用数字及字母表示

66. 要想收发电子邮件必须先（　　）。

    A. 申请及注册电子邮件地址　　　　　　B. 进入 Microsoft 网站

    C. 运行 Word　　　　　　　　　　　　D. 退出 Windows

67. 以下统一资源定位符的写法中，正确的是（　　）。

    A. http://www.mcp.com\que\que.html　　B. http//www.mcp.com\que\que.html

    C. http://www.mcp.com/que/que.html　　D. http//www.mcp.com/que/que.html

68. 在以动态 PPP 方式入网的情况下，通常电子邮箱设立在（　　）。

    A. 用户自己的微机上　　　　　　　　　B. 用户入网服务商的主机上

    C. 和用户通信的人员的主机上　　　　　D. 根本没有什么电子邮箱

69. 计算机网络不具备（　　）功能。

    A. 传送语音　　　　　B. 发送邮件　　　　　C. 传送物品　　　　　D. 共享信息

70. HTTP 的含义是（　　）。

    A. 超文本传输协议　　　　　　　　　　B. E 盘名称

    C. 网站地址　　　　　　　　　　　　　D. 应用软件

71. 以下电子邮件地址中正确的是（　　）。

    A. fox.a.public.tpt.tj.com　　　　　　　B. public.tpt.tj.cn@fox

    C. fox@public.tpt.tj.cn　　　　　　　　D. fox@public.tpt.tj.cn

72. 下列关于计算机网络的叙述中，不正确的是（　　）。

    A. 将多台计算机通过通信线路连接起来就是计算机网络

    B. 计算机网络是在通信协议的控制下实现的计算机之间的连接

    C. 建立计算机网络的主要目的是实现资源共享

    D. Internet 也称为互联网

73. 下列对搜索软件的描述中，正确的是（　　　）。

    A. 输入要查询的关键字即可找到要查找的网址

    B. 可以完成编辑表格工作

    C. 输入任意字即可找到要查找的网址

    D. 可以浏览任意网站

74. 互联网服务采用了（　　　）结构。

    A. Client/Server　　　　B. 文件服务器　　　　C. 打印服务器　　　　D. 数据库服务器

75. 中国教育和科研计算机网的缩写是（　　　）。

    A. ChinaNet　　　　B. CERNET　　　　C. Internet　　　　D. CEINET

76. 我国已建成且正在使用的中国教育和科研计算机网、中国科技网等网络属于典型的（　　　）。

    A. Internet　　　　B. Intranet　　　　C. 广域网　　　　D. 局域网

77. 互联网能提供的基本服务是（　　　）。

    A. NewsGroup、Telnet、E-mail　　　　B. Gopher、Finger、WWW

    C. E-mail、WWW、FTP　　　　D. Telnet、FTP、WAIS

78. 常用的浏览器是（　　　）。

    A. Edge 浏览器　　　　B. UNIX　　　　C. VB　　　　D. C++

79. IP 地址是由（　　　）组成的。

    A. 3 个点分隔的主机名、单位名、地区名和国家名 4 部分

    B. 3 个点分隔的 4 个 0～255 的数字

    C. 3 个点分隔的 4 部分，前两部分是国家名和地区名，后两部分是数字

    D. 3 个点分隔的 4 部分，前两部分是国家名和地区名代码，后两部分是网络和主机码

80. 宽带综合业务数字网中的宽带指的是（　　　）。

    A. 数据传输介质体积大　　　　B. 网络的传输速率高

    C. 网络中传输信息的介质种类多　　　　D. 网络的地域范围广

81. 某实验室的多台计算机需要接入 Internet，仅有电话线而无网卡，需购置（　　　）。

    A. 路由器　　　　B. 网卡　　　　C. Modem　　　　D. 集线器

82. 家庭用户与 Internet 连接的常用方式是（　　　）。

    A. 将计算机与 Internet 直接连接

    B. 计算机通过电信数据专线与当地 Internet 服务提供商的服务器连接

    C. 计算机通过一台 Modem 用电话线与当地 Internet 服务提供商的服务器连接

    D. 计算机与本地局域网直接连接，通过本地局域网与 Internet 连接

83. Internet 的通信协议是（　　　）。

    A. SMTP　　　　B. CSMA/CD　　　　C. POP　　　　D. TCP/IP

84. 利用 FTP 功能在网络中（　　）。

    A. 只能传输文本文件　　　　　　　　　B. 只能传输二进制编码格式的文件

    C. 可以传输任何类型的文件　　　　　　D. 传输直接从键盘输入的数据，不传输文件

85. 下列对广域网的描述中正确的是（　　）。

    A. 作用范围在 100km 内　　　　　　　　B. 不能实现文件复制

    C. 不能实现设备共享　　　　　　　　　D. 路由器是广域网中经常使用的设备

86. 集线器的英文是（　　）。

    A. Hub　　　　　　B. Switch　　　　　　C. Router　　　　　　D. Bridge

87. 在 Internet 上，我国的地理域名是（　　）。

    A. cn　　　　　　　B. China　　　　　　C. Ch　　　　　　　D. 中国

88. 采用拨号上网的必备设备是（　　）。

    A. 电卡　　　　　　B. 网卡　　　　　　C. Modem　　　　　D. 光盘驱动器

89. 通过 Hub 连接的网络拓扑结构是（　　）。

    A. 总线型拓扑结构　　B. 环形拓扑结构　　C. 星形拓扑结构　　D. 树形拓扑结构

90. 保存 Internet 中的图片应在（　　）后，在弹出的快捷菜单中选择“图片另存为”命令。

    A. 单击鼠标左键　　B. 双击鼠标左键　　C. 单击鼠标右键　　D. 双击鼠标右键

91. 下列不是计算机网络拓扑结构的是（　　）。

    A. 星形拓扑结构　　B. 总线型拓扑结构　C. 单线型拓扑结构　D. 环形拓扑结构

92. TCP 的主要功能是（　　）。

    A. 进行数据分组　　　　　　　　　　　B. 保证可靠传输

    C. 确定数据传输路径　　　　　　　　　D. 提高传输速率

93. Internet 提供的服务中，应用最广泛的是（　　）。

    A. Telnet　　　　　B. Gopher　　　　　C. E-mail　　　　　D. TCP/IP

94. 计算机网络是计算机技术与（　　）技术相结合的产物。

    A. 网络　　　　　　B. 通信　　　　　　C. 软件　　　　　　D. 电信

95. 数据传输速率的单位是（　　）每秒。

    A. 字节　　　　　　B. 比特　　　　　　C. 汉字　　　　　　D. 帧

96. 互联网的地址系统规定，每台接入互联网的计算机允许有（　　）地址码。

    A. 多个　　　　　　B. 0 个　　　　　　C. 一个　　　　　　D. 不多于两个

97. 计算机网络的特征不包括（　　）。

    A. 计算机及相关外部设备通过通信介质互连在一起

    B. 网络中的任意两台计算机之间都不存在主从关系

    C. 不同计算机之间的通信应有双方必须遵守的协议

    D. 网络中的软件和数据可以共享，但计算机的外部设备不能共享

98. 域名服务器上存放着 Internet 主机的（   ）。

    A. 域名   B. IP 地址

    C. 域名和 IP 地址   D. 域名和 IP 地址的对照表

99. 网络中计算机之间的通信是通过（   ）实现的，它们是通信双方必须遵守的约定。

    A. 网卡   B. 通信协议

    C. 磁盘   D. 电话交换设备

100. 用于电子邮件的协议是（   ）。

    A. IP   B. TCP

    C. SNMP   D. SMTP

【填空题】

1. 目前使用最广泛、影响最大的全球计算机网络是（   ）。

2. 一般将网络分为广域网与局域网，多数校园网属于（   ）。

3. 在互联网中，电子公告板系统的缩写是（   ）。

4. 信息高速公路的基本特征是（   ）、交互和广域。

5. World Wide Web 的缩写是（   ）。

6. TCP/IP 中的 TCP 位于 OSI 7 层协议中的（   ）。

7. EDI 的中文名称是（   ）。

8. 计算机网络中，互连的各种数据终端设备是按（   ）相互通信的。

9. 计算机网络最基本的功能是（   ）。

10. HTML 的正式名称是（   ）。

11. TCP/IP 模型由（   ）层、（   ）层、（   ）层和（   ）层组成。

12. 网络操作系统一般由两部分组成，它们分别安装在（   ）机和（   ）机上。

13. URL 的中文意思是（   ）。

14. 在登录免费邮箱时，用户需要向服务器提供的是（   ）和（   ）。

15. 在互联网上，可无偿使用的软件有两种，分别是（   ）和（   ）。

16. 利用 FTP 服务，可（   ）、（   ）文件。

17. 计算机网络是（   ）技术和（   ）技术相结合的产物。

18. 计算机网络主要是（   ）、（   ）和（   ）的共享系统。

19. 计算机网络按照其地理覆盖范围划分为（   ）、（   ）和（   ）。

20. 常见的计算机局域网的拓扑结构有 4 种：（   ）、（   ）、（   ）和（   ）。

21. OSI 模型将计算机网络的体系结构分成（   ）层。

22. 常见的局域网操作系统有 3 种，分别是（   ）、（   ）和（   ）。

23. Internet 提供的基本服务有（   ）、（   ）和（   ）。

24. IP 地址是一个（   ）位的二进制数。

25. 互联网的两种接入方案是（　　　）和（　　　）。

26. IE 浏览器中设置浏览器的环境和参数是通过（　　　）菜单中的（　　　）来实现的。

27. 局域网一般由几个基本部分组成：网络系统软件、工作站、（　　　）、（　　　）和网间连接器。

28. 通过 ChinaNet 可以和 Internet 相连，用户只要一台计算机、一根电话线和（　　　），并配有网络通信软件即可拨号上网。

29. Web 页面中含有指向其他 Web 页面的网址，称为（　　　）。

30. Internet 中的每一个信息页都有自己的地址，称为（　　　）。

【判断题】

1. 常见的网络拓扑结构是总线型拓扑结构、星形拓扑结构和环形拓扑结构。（　　　）

2. 处理分布在同一房间或同一大楼内（10～1000m）的系统称为局部网络系统。（　　　）

3. 计算机协议实际上是一种网络操作系统，它可以确保网络资源的充分利用。（　　　）

4. 个人和 Internet 连接需要计算机、Modem、电话线和通信软件。（　　　）

5. ISO 制定的 OSI 模型将网络体系结构分成 7 层。（　　　）

6. WWW 是当前 Internet 中最受欢迎、最为流行的打印服务程序。（　　　）

7. IP 的中文含义是互联网协议。（　　　）

8. 计算机网络由网络设备、通信线路、网络软件组成。（　　　）

9. 在 Internet 电子邮件中，控制信件中转方式的协议称为 HTTP。（　　　）

10. 主页是导航系统一启动就能自动连接的页面。（　　　）

11. 申请免费电子邮箱必须拨打电话申请。（　　　）

12. 波特率是指每秒内离散信号事件的个数，即每秒的比特数。（　　　）

13. 对等网中的每台计算机的地位平等，都允许使用其他计算机内部的资源。（　　　）

14. 入网的计算机是不能脱离网络而独立运行的。（　　　）

15. 个人用户通过拨号上网时，在通信介质上传输的是数字信号。（　　　）

16. IE 浏览器只能浏览网页，而不能用来收发电子邮件。（　　　）

17. 通过浏览器，可以直接下载常用的软件。（　　　）

18. 在 Internet 中，IP 地址是接入 Internet 网络节点的全球唯一的地址。（　　　）

19. 一个域名地址是由主机名和各级子域名构成的。（　　　）

20. 一般情况下，人们上网浏览的信息是通过 FTP 传输的。（　　　）

21. 人们可以脱机浏览网页。（　　　）

22. 计算机网络一定是通过导线相连的。（　　　）

23. 搜索引擎是某些网站提供的用于网上查询信息的搜索工具。（　　　）

24. 一封电子邮件不能同时发送给多个人。（　　　）

25. 电子邮件只能传送文字信息，不能传送图片、声音等多媒体信息。（　　　）

下篇
上机操作实践与指导

学习单元1
计算机认知的应用操作

实践任务 1　计算机基本操作

【实验目的】

（1）熟悉机房环境，遵守机房规范，了解计算机硬件系统。

（2）掌握计算机启动、关闭方法。

（3）了解计算机键盘的结构，学会键盘的基本使用方法。

【实验内容】

1. 熟悉机房环境

熟悉机房环境，遵守相关规范。

2. 了解计算机硬件系统

计算机由主机、显示器、键盘、鼠标等部件组成，了解所使用的计算机的各种配置，填写表1-1所示的计算机配置表。

表 1-1　计算机配置表

CPU 型号		硬盘容量	
内存大小		显示器	
光盘驱动器		网卡	
其他外部设备			

3. 掌握计算机启动、关闭方法

先按主机上的电源开关，再打开显示器，计算机启动并进行自检和操作系统引导，输入用户名和密码，进入 Windows 10 的桌面，启动完成。

计算机启动后，不可随便按主机上的电源开关，以防系统故障。正确的关机方法为单击"开始"→"电源"→"关机"按钮。

4. 熟悉键盘上各键的功能

常用的键盘有 101 个键。键盘的结构如图 1-1 所示，分为功能键区、主键盘区、光标控制键区和数字小键盘区。

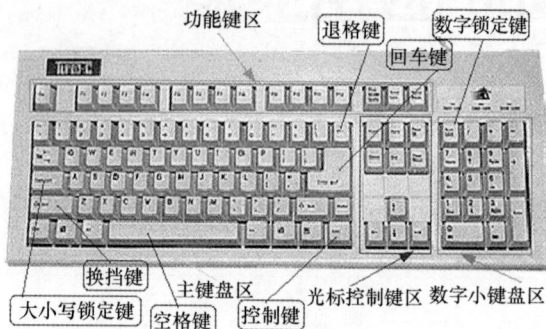

图1-1　键盘的结构

使用键盘时，直接按主键盘区上的字母键、数字键或符号键即可分别向计算机输入字母、数字或符号。

部分特殊的按键的作用如下。

空格（Space）键：用于向计算机输入空格。

回车（Enter）键：用于执行命令或换行。

退格（Backspace）键：可以删除光标左边的字符，并使光标左移一格。

大小写锁定（Caps Lock）键：用于字母大小写的切换。如果键盘右上角对应的指示灯亮，则为大写字母输入状态；如果键盘右上角对应的指示灯不亮，则为小写字母输入状态。

换挡（Shift）键：用于输入双字符键中的上挡字符，方法为按"换挡键+双字符键"；也可以临时改变字母的大小写状态。

数字锁定（Num Lock）键：用于控制数字小键盘区数字输入状态和光标控制状态的切换。数字小键盘区的上方有与它对应的指示灯，灯亮时是数字输入状态，灯灭时是光标控制状态。

PrintScreen 键：截取屏幕内容。

Pause 键：暂停键。

Scroll Lock 键：滚动锁定键。

Windows 键：简称"Winkey"或"Win 键"，是键盘左下角 Ctrl 键和 Alt 键之间的按键。单独按此键时，可以打开 Windows 的"开始"菜单；也可以与键盘上的其他按键、鼠标等输入设备配合使用执行一些操作。

5. 指法练习

主键盘区中的 A、S、D、F 和 J、K、L、; 是 8 个基准键，手指轻放于主键盘区的 8 个基准键上，如图 1-2 所示。手指可根据图 1-3 所示的指法分工敲击所控制的键。

图 1-2　基准键 "A、S、D、F、J、K、L、;" 的指法分工

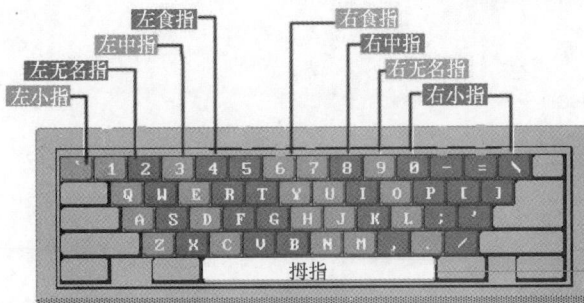

图 1-3　指法分工

（1）启动"记事本"程序

单击"开始"→"Windows 附件"→"记事本"按钮（见图 1-4），新建一个记事本，此时可在其中输入文字。

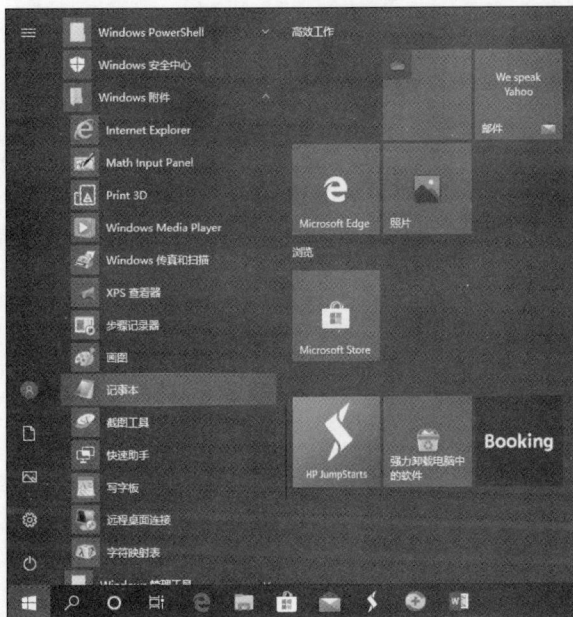

图 1-4　启动"记事本"程序

（2）输入英文

在记事本中输入文字时，结束一段文字可按 Enter 键切换到下一行。如果输入错误，则可按 Backspace 键进行删除操作。输入过程中可按 Caps Lock 键切换字母大小写状态，也可按 Shift+

字母键来切换字母大小写状态。

输入以下内容以熟悉输入操作。

aabbccddeeffgghhiijjkkllmmnnooppqqrrssttuuvvwwxxyyzz

AABBCCDDEEFFGGHHIIJJKKLLMMNNOOPPQQRRSSTTUUVVWWXXYYZZ

AaBbCcDdEeFfGgHhIiJjKkLlMmNnOoPpQqRrSsTtUuVvWwXxYyZz

Cape jasmine flower

So beautiful so white

We are in this season

Leaving away for dreams

Hardly to say bye

My girl don't be shy

Kind of fragrant seeping

Into my heart quiet

Cape jasmine flower

So lovely so bright To the happiness and lost

Time's not waiting

（3）输入数字及符号

在记事本中输入以下内容。

00112233445566778899

1+2^2-5*(11.5-10.5)=0

~~!!@@##$$%%^^&&**(())__++||""''::>><<??

有些符号在双字符键的上挡位，输入时需要在按住 Shift 键的同时按符号键。

（4）退出"记事本"程序

要退出"记事本"程序时，可单击"文件"→"退出"按钮，如图 1-5 所示；或者单击窗口右上角的"关闭"按钮。

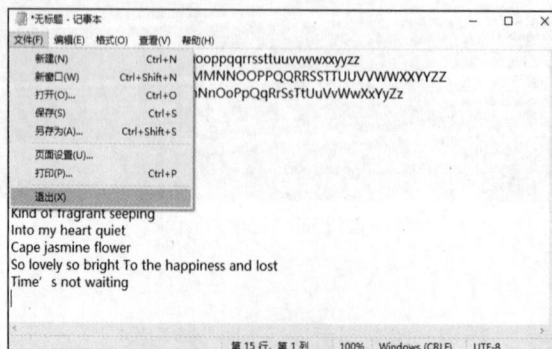

图 1-5　退出"记事本"程序

在退出"记事本"程序时，会弹出图 1-6 所示的对话框，单击"不保存"按钮，则退出"记事本"程序；如果要保存输入记事本的内容，则可单击"保存"按钮；如果单击"取消"按钮，则取消退出"记事本"程序的操作，返回"记事本"程序。

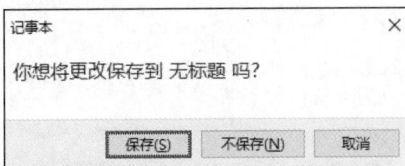

图 1-6 是否保存输入内容询问对话框

实践任务 2 常用的汉字输入法

【实验目的】

（1）了解汉字输入法常识。

（2）掌握汉字输入法的设置。

（3）掌握搜狗拼音输入法的使用。

【实验内容】

1. 切换输入法

将鼠标指针移动到任务栏中的输入法图标（见图 1-7）上，单击该图标，打开图 1-8 所示的输入法菜单。

图 1-7 输入法图标

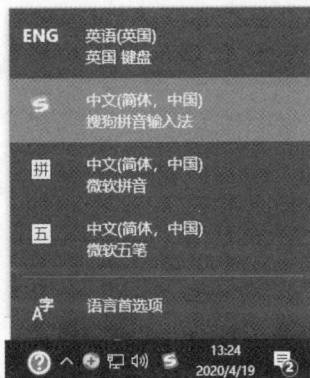

图 1-8 输入法菜单

其中，"英语（英国） 英国 键盘"为纯英文输入法，"中文（简体，中国） 搜狗拼音输入法""中文（简体，中国） 微软拼音""中文（简体，中国） 微软五笔"为中文输入法，但这些中文输入法均可切换中文输入状态和英文输入状态。

选择图 1-8 中的"中文（简体，中国） 搜狗拼音输入法"选项，屏幕上会弹出图 1-9 所示的搜狗拼音输入法状态栏。

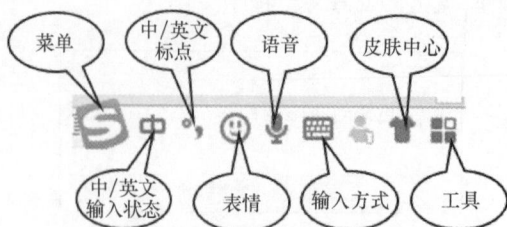

图 1-9　搜狗拼音输入法状态栏

也可按 Windows+Space 键打开输入法菜单并选择相应的输入法，方法为按住 Windows 键不放的同时多次按 Space 键。

2. 搜狗拼音输入法中/英文输入状态的切换

中/英文输入状态的切换主要是指输入中文内容与输入英文内容之间的切换，单击图 1-9 所示的搜狗拼音输入法状态栏中的"中/英文输入状态"按钮，或按 Ctrl+Space 键、按 Shift 键即可进行相应切换。

3. 搜狗拼音输入法全角/半角的切换

全角/半角切换主要是指输入的英文字母、数字、特殊字符（不含标点符号）在全角状态与半角状态之间的切换，可以按 Shift+Space 键进行切换。

此操作要求对搜狗拼音输入法进行高级设置，如图 1-10 所示。

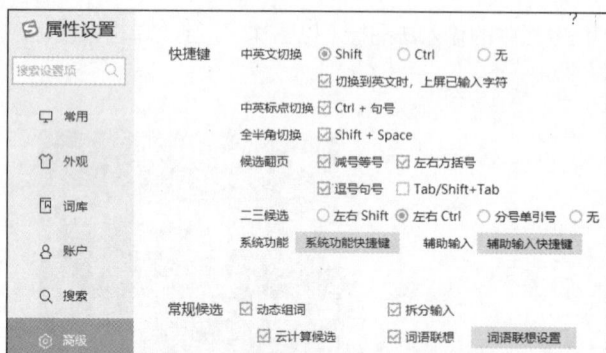

图 1-10　对搜狗拼音输入法进行高级设置

4. 搜狗拼音输入法中/英文标点符号切换

中/英文标点符号切换主要是指在输入中文时中文标点符号与英文标点符号之间的切换，单击图 1-9 所示的搜狗拼音输入法状态栏中的"中/英文标点"按钮或按 Ctrl+.键即可进行切换。

5. 输入汉字

要求：输入汉字"宝"。

激活搜狗拼音输入法，输入"bao"，进入图 1-11 所示的汉字选择界面。

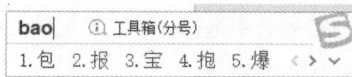

图 1-11 汉字选择界面

根据提示，按 3 键或单击"宝"即可；若汉字选择界面中没有要找的字，则可以单击 ‹ › 按钮或按＋/-键进行翻页查找。

输入汉字编码时，只能采用小写英文字母。在输入汉字的过程中，如果按错字母，则可以按 Backspace 键删除输入错误的字母，再重新输入字母。

6. 设置默认输入法

将搜狗拼音输入法设置为默认输入法的具体步骤如下。

（1）选择图 1-8 所示输入法菜单中的"语言首选项"选项，打开"设置"窗口，如图 1-12 所示。

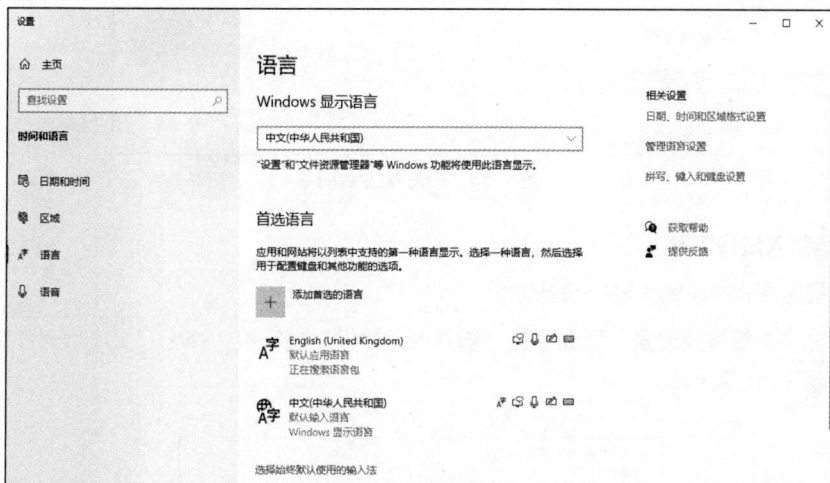

图 1-12 "设置"窗口

（2）单击"选择始终默认使用的输入法"超链接，进入"高级键盘设置"界面，如图 1-13 所示。

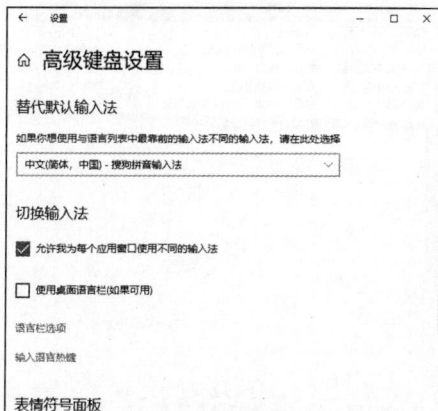

图 1-13 "高级键盘设置"界面

（3）在"替代默认输入法"下拉列表中选择"中文（简体，中国）–搜狗拼音输入法"选项，如图 1–14 所示，即可设置默认输入法。

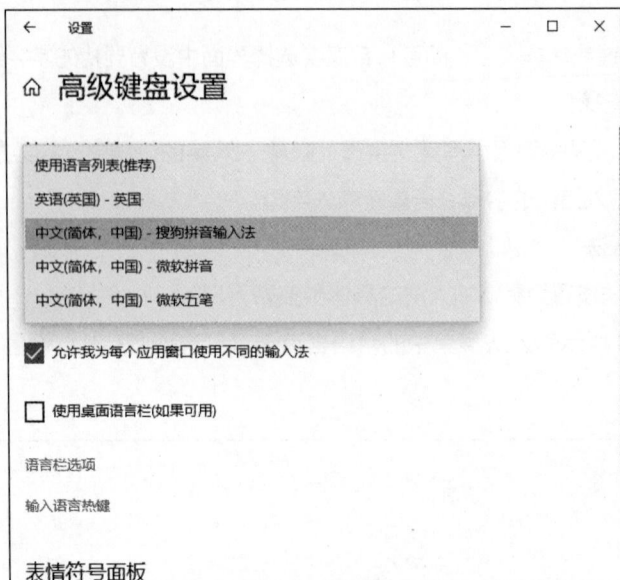

图1–14　设置默认输入法

7. 指定输入法快捷键

要求：指定搜狗拼音输入法的快捷键。

（1）单击"高级键盘设置"界面中的"输入语言热键"超链接，弹出"文本服务和输入语言"对话框，如图 1–15 所示。

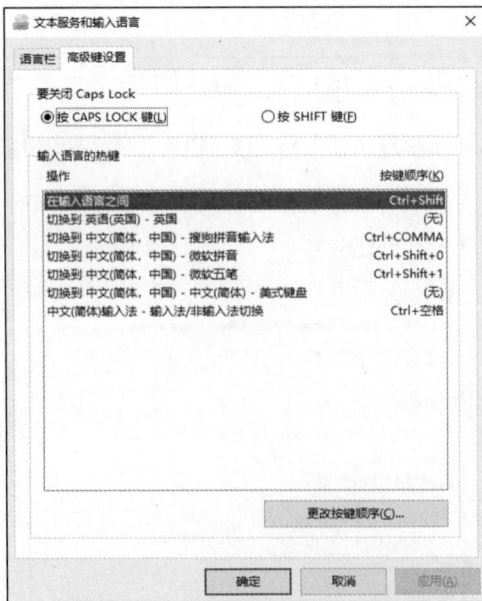

图1–15　"文本服务和输入语言"对话框

（2）选择"输入语言的热键"列表框中的"切换到 中文（简体，中国）-搜狗拼音输入法"选项，如图 1-16 所示。

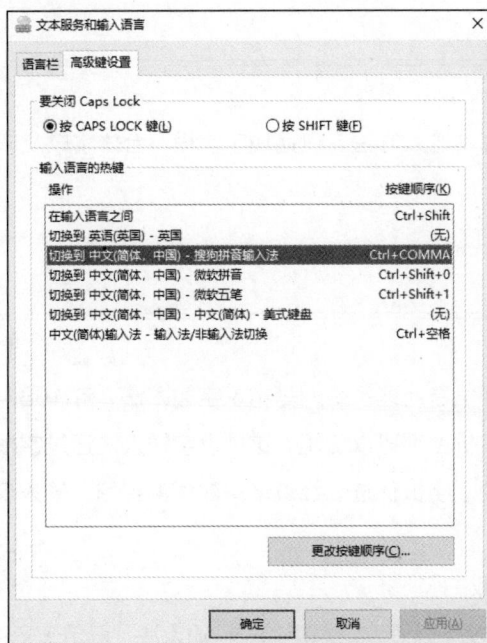

图 1-16　设置输入语言的热键

（3）单击"更改按键顺序"按钮，弹出"更改按键顺序"对话框，如图 1-17 所示。

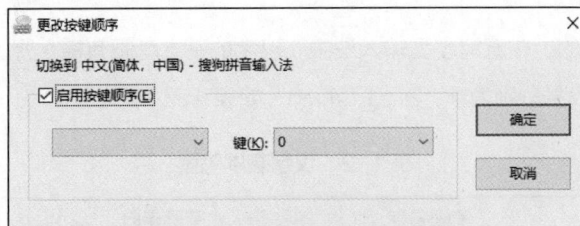

图 1-17　"更改按键顺序"对话框

（4）选中"启用按键顺序"复选框，激活其下的各个选项。

（5）选择"Ctrl+Shift"选项。

（6）在"键"下拉列表中选择一个数字（如"2"），单击"确定"按钮。

经过上述操作，"Ctrl+Shift+2"将显示在"输入语言的热键"列表框中，在"文本服务和输入语言"对话框中单击"确定"按钮，即可指定搜狗拼音输入法的快捷键。

要求：使用搜狗拼音输入法输入汉字"丹顶鹤很逗人喜爱"。

丹顶鹤 dandinghe　很 hen　逗人 douren　　喜爱 xi'ai

输入汉字时，按规范的汉语拼音输入，输入过程和书写汉语拼音的过程完全一致，注意词组和隔音符号的使用。

实践任务 3　五笔字型输入法练习（一）

【实验目的】

（1）掌握五笔字型的基本输入方法，包括成字字根、合体字以及末笔字型交叉识别码的输入方法。

（2）提高汉字的输入速度。

【实验内容】

五笔字型输入法是汉字信息处理系统的基本汉字输入法，自 1983 年起先后推出了 3 代定型版本，在 PC 及其各种兼容机上都可以使用。这种汉字输入法通过字根组成字或词，重码少、字词兼容、字词之间不用换挡，字根优选。经过一段时间的练习，输入汉字的速度可达 120～160 个/分钟。

1. 五笔字型输入法选取

五笔字型输入法是目前文字处理广泛采用的一种输入法，已用于多种汉字信息处理系统。使用这种输入法前，要在各种操作系统环境下将它的代码控制程序 WBX.exe 通过执行加载到内存中。

2. 基本知识

（1）汉字的 3 个层次

汉字是由笔画构成的。在五笔字型输入法中，汉字的基本笔画有横、竖、撇、捺（将点也视为捺）、折 5 种，其对应代号分别为 1、2、3、4、5，如表 1-2 所示。

表 1-2　汉字基本笔画

笔画代号	笔画名称	笔画走向	笔画及其变形
1	横	左→右	一 二 三
2	竖	上→下	丨 刂 川
3	撇	右上→左下	丿 彡
4	捺	左上→右下	丶 冫 灬
5	折	带转折	乙 巛

汉字的基本笔画经过复合连接形成相对不变的结构，这就是字根。字根是有形有意的，是构成汉字的基本单位。所以，汉字的 3 个层次为笔画、字根、单字。

以下是三者的示例。

笔画：一　丨　丿　丶　乙。

字根：王　土　大　木　口。

单字：班　地　奋　根　国。

（2）汉字的 3 种字型

根据构成汉字的字根之间的位置关系，汉字分为 3 种类型：左右型、上下型、杂合型。其代号分别为 1、2、3，如表 1-3 所示。

表 1-3　汉字字型

字型代号	字型	例字
1	左右型	河　衡　横　别
2	上下型	节　意　花　想
3	杂合型	团　头　重　幽

字型的划分依据是汉字的整体轮廓，即汉字中有一定间距的几部分的位置关系，故这 3 种字型又称为字根的 3 种排列方式。当输入汉字时，除了输入组成汉字的字根之外，有时还必须告诉计算机输入的字根是以什么方式排列的，这就是字型信息。它包含在后面要介绍的末笔字型交叉识别码中。

（3）字根选取的依据及基本字根数量

字根的筛选标准和数量并不统一，在五笔字型方案中，将组字频率高、使用频率高的字根称为基本字根，共 130 种。它们按其起笔代码和键位设计分为 5 个区，每个区又分为 5 个位，共 25 个代码（即区位号），如表 1-4 所示。

表 1-4　区位划分

	1	2	3	4	5
横 1	王一	土二	大三	木	工
竖 2	目丨	日刂	口川	田	山
撇 3	禾丿	白	月彡	人	金
捺 4	言丶	立	水氵	火	之
折 5	已乙	子	女巛	又	纟

这样就建立了五笔字型方案的字根总表。只有这 130 种字根才有资格参加编码，其他任何形态的笔画结构都要分解为由这 130 种基本字根组成的编码。其中，1 区 27 种、2 区 23 种、3 区 29种、4 区 23 种、5 区 28 种。

3. 键盘字根总表及字根助记词

将 130 种基本字根按照字根划位的原则，兼顾键位的设计构成五笔字型键盘字根总表，一个键位上一般有 2～6 种字根，每个键位对应一个英文字母，每个键位左上角的字根是键名。键位的安排是按照字根代号从键盘中间向两侧依大小顺序排列的。

5 种笔画分为 5 个区，对应的字母键分别如下。

横区（一）：G F D S A。

竖区（丨）：H J K L M。

撇区（丿）：T R E W Q。

捺区（、）：Y U I O P。

折区（乙）：N B V C X。

依据字根的第一笔确定字根的区号（个别例外）。

一般可依据字根的第二笔确定字根的位号。

基本笔画及其复合笔画形成的字根，笔画的数目和位号相同。

少数字根不符合上述规律，如力、车、几、心等。

4. 汉字的拆分原则

字根总表中没有的笔画结构应按书写顺序依次拆成字根总表中的最大字根，直到将整个汉字拆分完毕。拆分有 4 个要点：取大优先、兼顾直观、能连不交、能散不连。

5. 五笔字型编码原则

单字的五笔字型编码口诀如下。

五笔字型均直观，依照笔顺将码编；

键名汉字打四下，基本字根请照搬。

一二三末取四码，顺序拆分大优先；

不足四码要注意，交叉识别补后边。

这首编码口诀概括了五笔字型拆分编码的 5 项原则。

（1）按书写顺序从左到右、从上到下、从外到内取码的原则。

（2）以基本字根为单位编码的原则。

（3）按一二三末字根的顺序，最多只取四码的原则。

（4）单体结构拆分取大优先的原则。

（5）末笔字型和交叉识别的原则。

6. 汉字编码规则

五笔字型将汉字分为两类，即键面字和键外字。键面字又分为键名字、成字字根；键外字是指键面上没有的汉字。

（1）键名字编码

五笔字型键盘字根总表中的每个键位都有一个中文键名，位于键位的左上角。键名字的编码方法：将所在键位连击 4 次。

例如，王：11　11　11　11（GGGG）。又如，金：35　35　35　35（QQQQ）。

（2）成字字根编码

在每个键位上，除了键名字根外，还有其他字根，它们中的部分本身就是一个汉字，称为成字字根。一切成字字根的输入都采用统一的规则，如下所示。

键名代码+首笔画代码+次笔画代码+末笔画代码（不足四码按Space键补足）

也就是说，当需要输入一个成字字根时，要先按其所在的键（又称"报户口"），再依次输入它的首笔画、次笔画和末笔画的代码，不足四码时按 Space 键补足。

例如，四为 24　21　51　11（LHNG），古为 13　11　21　11（DGHG）。

（3）键外字编码

键外字编码规则是取一二三末 4 个字根的代码。这里应注意的是，成字字根的四码是由键名、首笔画、次笔画和末笔画的代码组成的，而键外字的四码是由第一字根、第二字根、第三字根和末字根的代码组成的。

键外字编码规则具体如下。

① 超过四码：取一二三末字根编码。

例如，"赣"字由"立""早""父""工""贝"字根组成，取一二三末字根，编码为 UJTM。

② 等于四码：依次输入。

例如，"照"字由"日""刀""口""灬"字根组成，编码为 JVKO。

③ 不足四码：字根输入后加末笔字型交叉识别码（仍不足四码时按 Space 键补足）。

例如，"汉"字由"氵""又"字根组成，编码为 ICY，这里的 Y 是末笔字型交叉识别码。

7．末笔字型交叉识别码

汉字是一种图形文字。五笔字型方案用有限的字根来区分成千上万的汉字，有时会出现编码冲突。可见仅仅将汉字字根依顺序输入计算机是不够的，还必须告诉计算机该字的字根是以什么方式排列的（左右型、上下型、杂合型），这样才能确定输入的是哪个汉字。为此，在必要的字根代码输入完成后，还要补充一个字型代码，其中，左右型代码为 1，上下型代码为 2，杂合型代码为 3。但是有时即使补充了字型代码仍不能确定汉字，还必须告诉计算机输入的汉字的末笔画区号，即 1（横）、2（竖）、3（撇）、4（捺）、5（折）。通常将汉字的末笔画区号和字型代码的组合称为末笔字型交叉识别码。

例如，汀：43　14　21（21 中的 2 是末笔画区号、1 是字型代码）。

8．有关末笔画的说明

所有包围型汉字的末笔画规定取被包围部分的最后一笔。

例如，"国"字末笔字型交叉识别码为 43。

对于字根"刀、九、力、七"，规定向右下角伸得最长、最远的笔画为末笔画。

例如，"仇"字为 34　53　51，"化"字为 34　55　51。

汉字"我"或"笺"等的末笔画规定一律取"丿"。

对于"义、太、勺"中的单独点，规定为与其相近字根相连，属于杂合型。

【综合实践】

（1）进入五笔字型输入法的汉字输入状态。

（2）键名字输入练习。

下列汉字为键名字，将其对应的编码填入括号内，并进行练习。

王（　　）目（　　）禾（　　）言（　　）已（　　）

土（　　）日（　　）白（　　）立（　　）子（　　）

之（　　）火（　　）水（　　）金（　　）女（　　）

大（　　）田（　　）口（　　）山（　　）人（　　）

（3）成字字根输入练习。

将下列汉字对应的编码填入括号内，并进行练习。

小（　　）米（　　）上（　　）止（　　）马（　　）羽（　　）辛（　　）

车（　　）九（　　）由（　　）古（　　）戈（　　）西（　　）竹（　　）

（4）单字编码练习。

将下列汉字对应的编码填入括号内，并进行练习。

矮（　　）鞍（　　）捌（　　）顶（　　）碟（　　）镀（　　）

河（　　）高（　　）处（　　）合（　　）作（　　）图（　　）

实（　　）社（　　）系（　　）加（　　）理（　　）层（　　）

称（　　）竭（　　）效（　　）量（　　）烤（　　）冬（　　）

雕（　　）款（　　）龄（　　）丙（　　）流（　　）布（　　）

实践任务 4　五笔字型输入法练习（二）

【实验目的】

（1）进一步练习合体字的输入，达到熟练的程度。

（2）掌握一级简码、二级简码的输入方法。

（3）掌握词组的输入方法。

【实验内容】

1. 简码输入

五笔字型汉字编码一律为四码，为了提高输入速度，将常用汉字取第一个字根、前两个字根或前三个字根，分别构成一级简码、二级简码和三级简码。

一级简码共 25 个，每个键位一个，是常用高频字，输入时先按一级简码所在键，再按 Space 键。一级简码及其对应键如下。

一 11（G）	地 12（F）	在 13（D）	要 14（S）	工 15（A）
上 21（H）	是 22（J）	中 23（K）	国 24（L）	同 25（M）
和 31（T）	的 32（R）	有 33（E）	人 34（W）	我 35（Q）

主 41（Y）　　产 42（U）　　不 43（I）　　为 44（O）　　这 45（P）

民 51（N）　　了 52（B）　　发 53（V）　　以 54（C）　　经 55（X）

二级简码由单字的前两个字根的编码组成，编码位共 625 个。输入时，输入前两个字根的编码再按 Space 键即可。

例如，"吧"字的前两个字根为"口""巴"，二级简码为 23　54（KC）；又如，"给"字的前两个字根为"纟""人"，二级简码为 55　34（XW）。

三级简码由单字的前三个字根的编码组成。只要一个字的前三个字根在编码体系中是唯一的，即可用三级简码表示。三级简码共 4400 个。

例如，"华"字的字根为"人""匕""十"，全码为 34　55　12　22（WXFJ），三级简码为 34　55　12（WXF）。

2. 词语编码

所有词语编码一律取等长四码。其码形与单字码完全相同。

词语的取码规则如下。

双字词：分别取两个字中前两个字根的编码，共四码。

三字词：前两个字各取第一个字根的编码，最后一个字取前两个字根的编码，共四码。

四字词：每个字各取第一个字根的编码，共四码。

多字词：按一二三末的规则，取第一、第二、第三、最后一个字的第一个字根的编码，共四码。

3. 万能学习键使用

Z 键为万能学习键。它可以代替末笔字型交叉识别码，帮助用户将字找出来，还可以代替记不清或分解不准的任何字根，并通过提示行告诉用户 Z 键对应的键位或字根。

例如，"劳"字可以输入"apzz"，此时可选字提示如图 1-18 所示，输入数字 2，"劳"字出现在光标处。

五笔字型：apzz	1 堇	2 劳	3 蓉	5 荣

图 1-18　可选字提示

【综合实践】

（1）练习输入下列高频字。

我是中国人　　我在工地上　　这是工人的民主　　我以为这是在中国

（2）用万能学习键输入下列汉字。

跟　　根　　左　　达　　必　　为　　恭　　咸　　蒲　　严

（3）将下列词语的五笔字型代码填入括号，并进行输入练习。

英明（　　）　　　　队长（　　）　　　　期间（　　）　　　　职工（　　）

出现（　　）　　　　协助（　　）　　　　成绩（　　）　　　　教师（　　）

现代化（　　）　　　晶体管（　　）　　　动物园（　　）　　　存储器（　　）

服务员（　　）　　　二进制（　　）　　　奋发图强（　　）　　　生活水平（　　）

数据处理（　　）　　　技术革命（　　）　　　朝气蓬勃（　　）　　　社会实践（　　）

标点符号（　　）　　　兴高采烈（　　）

（4）对下面的汉字进行拆分，将其对应的五笔字型代码填入括号，并进行输入练习。

夫（　　）　击（　　）　井（　　）　韦（　　）　永（　　）

丢（　　）　书（　　）　里（　　）　币（　　）　乡（　　）

册（　　）　首（　　）　市（　　）　成（　　）　禹（　　）

学习单元2
中文版Windows 10的应用操作

实践任务 1　中文版 Windows 10 的基本操作

【实验目的】

（1）熟悉鼠标的基本操作。

（2）熟悉 Windows 10 的桌面。

（3）熟悉窗口和菜单的基本操作，掌握中文版 Windows 10 的基本操作。

【实验内容】

1. 鼠标的使用

鼠标的操作主要有单击、右击、双击、指向、拖动、与键盘组合使用等。

（1）单击：快速按下鼠标左键再释放，用于选定鼠标指针处的任何内容。

（2）右击：快速按下鼠标右键再释放，用于弹出快捷菜单。

（3）双击：快速的两次单击，先选定一个项目，再执行一个默认的操作。

中文版 Windows 10 具有高度可视化的界面。可以通过单击选择菜单选项或执行某个操作。单击两次执行双击操作，如果什么事情都没有发生，则可能是由于第二次单击不够迅速。

也可以先通过单击选定鼠标指针处的内容，再按 Enter 键，这样做的效果与双击完全一样。

（4）指向：移动鼠标，让鼠标指针悬停在某对象上。

（5）拖动：鼠标指针指向某一对象（如图标）时，按住鼠标左键的同时移动鼠标，可以看到该对象被拖走；在另一位置释放鼠标左键，该对象即可移动到一个新的位置。

在 Windows 中，鼠标左键和右键分别用于执行不同的操作，左键可以完成大部分操作，如选择菜单选项、单击按钮等；右键一般用于弹出快捷菜单。

（6）与键盘组合使用：单击一般一次只能选定一个项目，如果要同时选定一个以上的项目，则可以与键盘组合使用。

Ctrl 键或 Shift 键与鼠标操作的不同组合有不同的效果。按住 Ctrl 键并在多个文件上单击时，可以选定不连续的文件；按住 Shift 键并在文件上单击时，可以选定单击的第一个文件与最后一个文件之间的所有连续的文件。

鼠标指针的样式：操作及程序运行的状态不同，鼠标指针的样式就不同。图 2-1 展示了中文版 Windows 10 的标准鼠标指针。

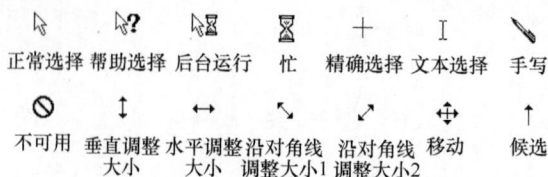

正常选择　帮助选择　后台运行　忙　精确选择　文本选择　手写

不可用　垂直调整　水平调整　沿对角线　沿对角线　移动　候选
　　　　　大小　　　大小　调整大小1　调整大小2

图 2-1　中文版 Windows 10 的标准鼠标指针

2. 桌面图标操作

（1）图标的选定

① 单个图标：单击选定图标。

② 多个连续图标：在桌面空白处用鼠标拖动出一个矩形框，框中的所有图标即被选定。或者选定第一个图标后，按住 Shift 键的同时选定最后一个图标。

③ 多个不连续图标：按住 Ctrl 键的同时单击要选定的图标。

（2）排列图标

在桌面空白处右击，在弹出的快捷菜单中，可以通过选择"排序方式"→"名称""大小""项目类型""修改日期"等命令排列图标，如图 2-2 所示。

（3）移动图标

选定图标，可以将其拖动到任意位置，但必须在非"自动排列图标"状态下，否则移动图标无效，如图 2-3 所示。

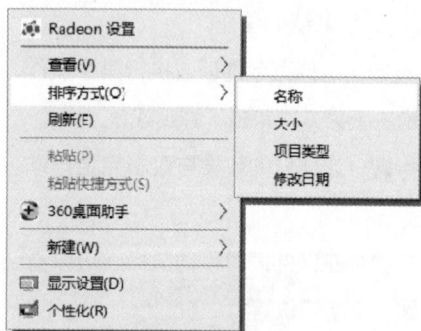

图 2-2　排列图标

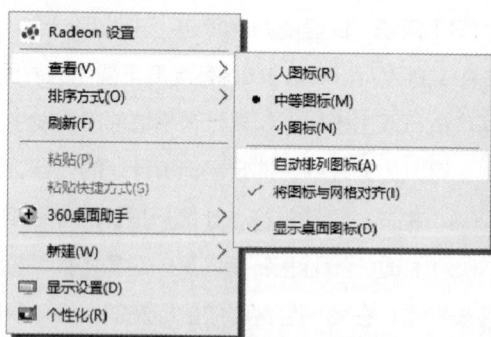

图 2-3　禁止图标自动排列

（4）图标重命名

图标重命名的主要方法如下。

方法一：选定图标，单击图标名称，输入新名称，按 Enter 键或单击桌面空白处确定。

方法二：右击图标，在弹出的快捷菜单中选择"重命名"命令。

（5）删除图标

删除图标的主要方法如下。

方法一：选定图标，按 Delete 键。

方法二：右击图标，在弹出的快捷菜单中选择"删除"命令。

3. 任务栏及操作

在 Windows 中，任务栏（Taskbar）是指位于桌面底部的矩形区域，主要由"开始"菜单（屏幕）、快速启动区、语言工具区（可解锁）和通知区域组成，而 Windows 7 以上版本的操作系统的任务栏右侧还有"显示桌面"按钮。

（1）移动任务栏

当"锁定任务栏"处于"关"状态时，将鼠标指针指向任务栏的空白区域，拖动鼠标，即可将任务栏拖动到屏幕的右侧、左侧、顶部或底部。

（2）隐藏任务栏

在任务栏的空白处右击，在弹出的快捷菜单中选择"任务栏设置"命令，在打开的"设置"窗口（见图 2-4）中将"在桌面模式下自动隐藏任务栏"选项的状态开关调至"开"，任务栏会自动隐藏；将"在桌面模式下自动隐藏任务栏"选项状态开关调至"关"，任务栏会重新显示。

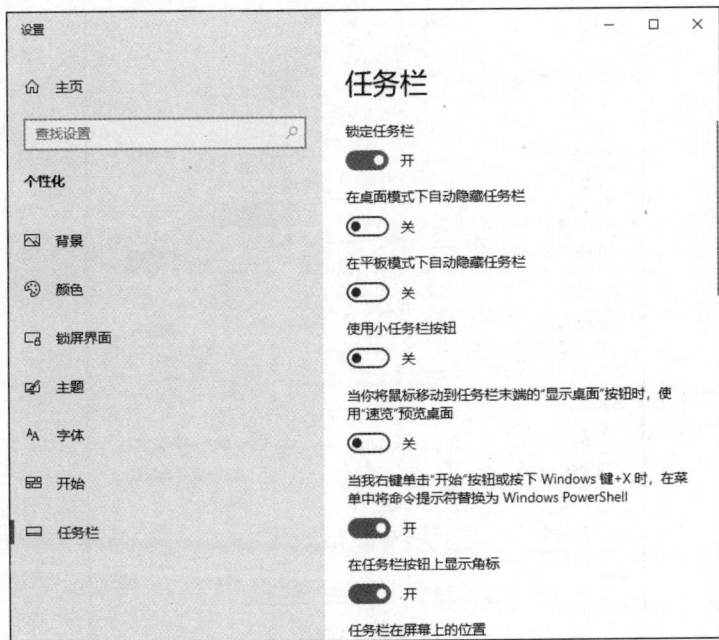

图 2-4 "设置"窗口

（3）更改任务栏大小

更改任务栏大小的方法如下。

方法一：当"锁定任务栏"处于"关"状态时，将鼠标指针指向任务栏的上边缘，当鼠标指针变为双向箭头形状时，拖动任务栏的边缘，即可按照需要随意调整其大小。

方法二：在图 2-4 所示的界面中，单击"使用小任务栏按钮"选项的状态开关可使任务栏在大、小两种状态之间切换。

4．窗口操作

窗口是 Windows 中应用程序运行或文档显示的区域。

改变窗口大小：单击窗口右上角的"最小化"按钮、"最大化"按钮、"向下还原"按钮，可分别将窗口最小化、最大化、还原为默认大小，也可双击标题栏将窗口最大化或还原为默认大小。将鼠标指针指向要调整的窗口的边缘，当鼠标指针变为双向箭头形状时，拖动鼠标可以任意改变窗口大小。

移动窗口：将鼠标指针定位在标题栏上并拖动，当窗口移动到合适的位置时，释放鼠标左键即可。

关闭窗口：可以单击"关闭"按钮。

查看窗口剩余内容：如果只需轻微移动以查看更多内容，则可以单击滚动条某端指向滚动方向的箭头；如果移动幅度比较大，则可以单击滚动条两端的区域；如果要快速翻阅，则可以拖动滚动条。

5．对话框的操作

对话框在 Windows 应用程序中大量用于系统设置、获得信息和交换信息等操作。

例如，Microsoft Word 的"字体"对话框如图 2-5 所示。

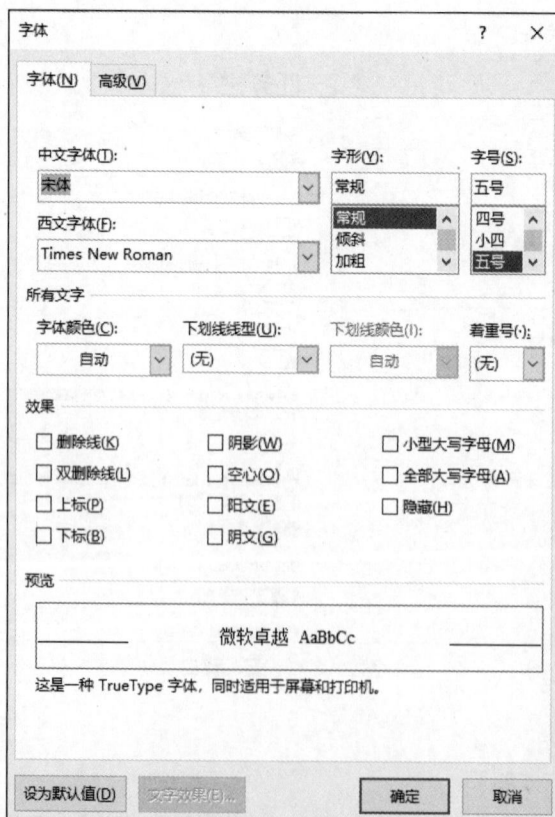

图 2-5　Microsoft Word 的"字体"对话框

标题栏：拖动标题栏可以移动对话框，单击"关闭"按钮可以关闭对话框。

选项卡：选项卡中有对话框的各种功能。单击选项卡标签可在多个选项卡之间切换，图 2-5 所示的对话框中有"字体""高级"两个选项卡。

列表框：单击列表框中的某个选项，该选项即被选中。当列表框中的选项无法全部显示时，可通过拖动滚动条进行快速查看。

下拉列表：单击下拉按钮可以弹出下拉列表供用户选择，下拉列表收起时显示被选中的选项。

文本框：单击文本框即可输入文本信息。

复选框：复选框后跟选项内容，可通过单击复选框选中对应选项，此时，复选框中会出现"√"，再次单击复选框则取消选中该选项。

单选按钮：单选按钮为圆形，选中时按钮内部会出现一个黑色的圆点，一组单选按钮中只能有一个单选按钮被选中。

命令按钮：单击带文字的矩形命令按钮，相应命令即被执行。

数值框：单击数值框右边的上下箭头按钮可以改变数值大小，也可以在数值框中直接输入数值。

滑块：即滑动式按钮，左右拖动或上下拖动滑块可以改变数值大小，一般用于调整参数。

6. 创建桌面快捷方式

方法一：在桌面的空白处右击，在弹出的快捷菜单中选择"新建"→"快捷方式"命令，弹出"创建快捷方式"对话框，如图 2-6 所示，在文本框中输入要创建快捷方式的文件（或文件夹、磁盘）的路径；或者，单击"浏览"按钮，在弹出的"浏览文件或文件夹"对话框中选择要创建快捷方式的文件（或文件夹、磁盘）。单击"下一步"按钮，单击"完成"按钮，快捷方式即创建完成。

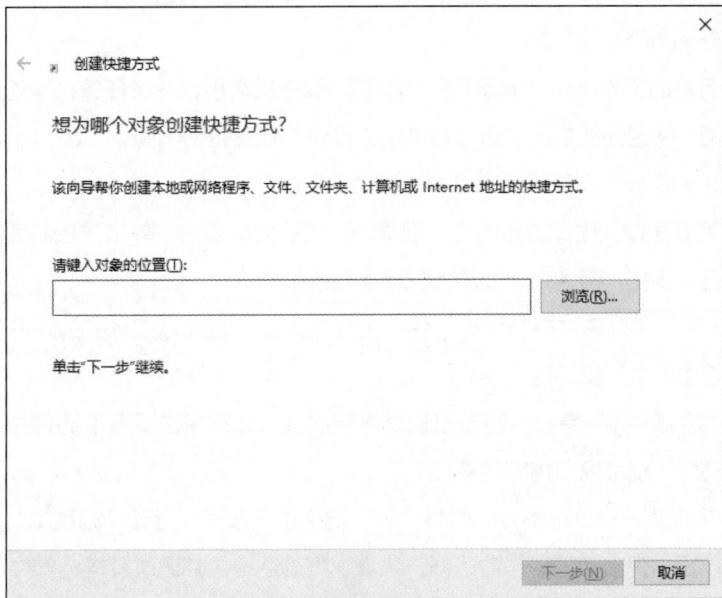

图 2-6 "创建快捷方式"对话框

方法二：右击任意文件（或文件夹），在弹出的图 2-7 所示的快捷菜单中选择"发送到"→"桌面快捷方式"命令，桌面上即可创建所选文件（或文件夹）的快捷方式。

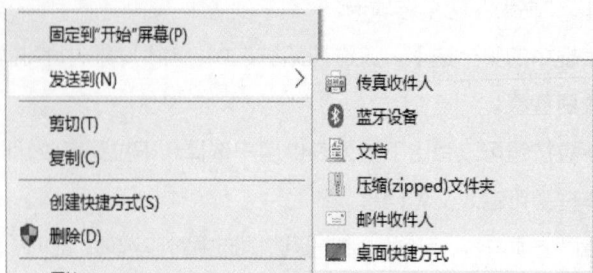

图 2-7 选择"桌面快捷方式"选项

【综合实践】

（1）移动鼠标指针到"此电脑"图标，双击此图标，打开"此电脑"窗口，切换到"查看"选项卡，观察其中的选项，并了解它们的作用。

（2）分别右击"此电脑""回收站"图标，比较弹出的快捷菜单有何不同。

（3）拖动"此电脑"图标，改变其位置，并将其名称修改为"MY COMPUTER"。

（4）将桌面上的所有图标分别按名称、修改日期重新排列，观察桌面的变化；将图标设置为自动排列，并将"MY COMPUTER"修改为"我的电脑"。

（5）单击"开始"→"Windows 附件"→"记事本"按钮，启动"记事本"程序，输入文字"中文版 Windows 的菜单有 3 种：'开始'菜单、窗口菜单、快捷菜单"，对"记事本"窗口中的菜单进行各种操作，将该文件保存到 C 盘根目录下并将其命名为"实践一"。

（6）设置任务栏自动隐藏。

（7）取消任务栏的自动隐藏，拖动任务栏边缘，改变其大小，并将任务栏拖动到屏幕的顶部、底部、左侧、右侧。锁定任务栏后，再次尝试上述操作，观察有何不同。

（8）打开"控制面板"窗口，观察该窗口有哪些组成部分。

（9）双击"控制面板"窗口的标题栏，观察该窗口的大小变化。单击"控制面板"窗口右上角的按钮，分别进行最小化、最大化、还原和关闭窗口的操作。

（10）将鼠标指针定位在"控制面板"窗口边框或角上，当鼠标指针变为双向箭头形状时拖动鼠标，以改变"控制面板"窗口的尺寸。

（11）缩小"控制面板"窗口，直至出现垂直滚动条。分别单击垂直滚动条两端的按钮、空白区域以及拖动滚动条，观察窗口内容的变化。

（12）单击"开始"→"Windows 附件"→"记事本"按钮，启动"记事本"程序，单击"文件"→"打印"按钮，弹出"打印"对话框，认真观察其结构，并记录其构成部件。

（13）为 Word 2016 创建桌面快捷方式。

实践任务 2　中文版 Windows 10 文件资源管理

【实验目的】

（1）掌握文件资源管理器的使用方法。

（2）掌握文件夹和文件的相关操作。

（3）掌握回收站的操作。

【实验内容】

文件资源管理器用来存放一些资源和文件，还可以用来打开、整理和查询文件，所以文件资源管理器在文件资源管理中有着举足轻重的作用。

1. 文件资源管理器的启动

打开中文版 Windows 10 中的文件资源管理器可使用以下 3 种方法。

方法一：单击"开始"→"Windows 系统"→"文件资源管理器"按钮。

方法二：启动"搜索"程序，在搜索框中输入"文件资源管理器"并进行搜索，选择搜索结果中的"文件资源管理器"选项。

方法三：右击桌面左下角的"开始"按钮，在弹出的快捷菜单中选择"文件资源管理器"命令。

文件资源管理器窗口如图 2-8 所示。

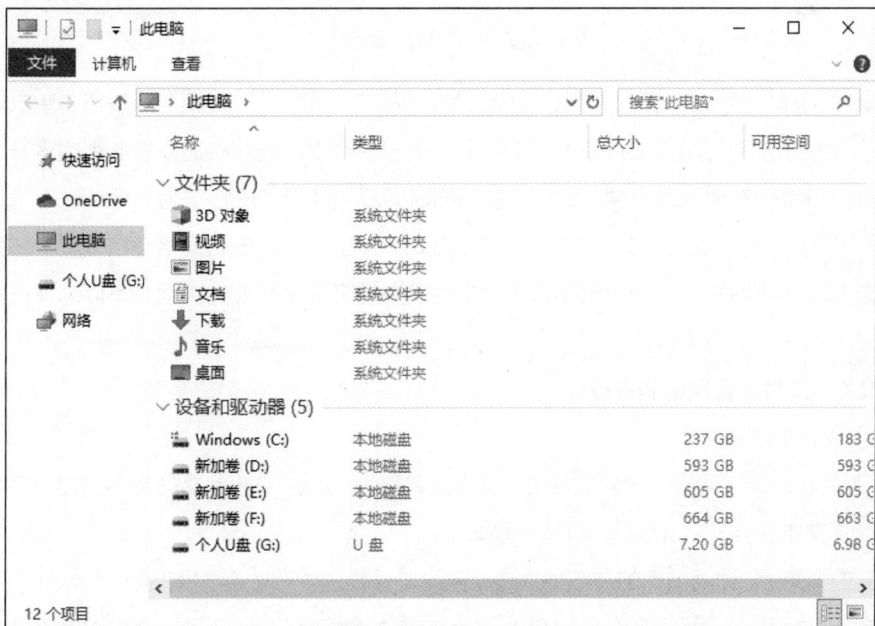

图 2-8　文件资源管理器窗口

2．文件资源管理器的基本操作

（1）调整左右窗格的大小

将鼠标指针定位在文件资源管理器窗口的左右窗格的分隔线上，当鼠标指针变为 ↔ 形状时，向左或向右拖动鼠标可以调整左右窗格的大小。

（2）设置文件夹和文件的显示方式

文件资源管理器窗口的左窗格是导航窗格，用于显示文件夹列表。文件夹前无符号时，表示该文件夹不包含任何附加的文件夹；文件夹前有 ❯ 符号时，表示该文件夹包含下一级文件夹，但是现在看不到它们，因为这个文件夹是折叠的；文件夹前有 ❯ 符号时，表示该文件夹的下一级文件夹是可见的。

单击文件夹前面的 ❯ 符号，会展开此文件夹的下一级文件夹，同时 ❯ 符号变为 ❯。

单击文件夹前面的 ❯ 符号，会折叠此文件夹，同时 ❯ 符号变为 ❯ 符号。

（3）浏览文件夹中的内容

在文件资源管理器窗口的左窗格中选中文件夹后，此文件夹中的内容将显示在右窗格中。

这些文件或文件夹的显示方式可以通过"查看"→"布局"组中的按钮进行设置，如图2-9所示。注意观察每种显示方式的特点。

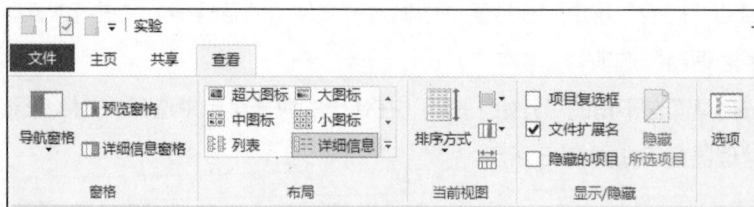

图2-9 "查看"菜单

在"详细信息"显示方式下，右窗格顶部显示"名称""大小""类型"等按钮，单击其中任意一个按钮，该按钮上将显示向上符号或向下符号，同时窗格中的内容将重新按此列内容升序或降序排列。如果文件夹中有照片等文件，则可以按拍照时间或照片尺寸进行排列。

单击"查看"→"当前视图"组中的"排序方式"按钮，或右击右窗格空白区域，在弹出的快捷菜单中选择"排序方式"命令，将出现改变文件及文件夹排序方式的选项，可以选择按名称、类型、大小或修改日期等方式排序。

3．文件与文件夹管理的基本操作

（1）创建新文件夹

在 C 盘的根目录下建立一个新文件夹，文件夹名称为"test"，在此文件夹中建立一个新文件夹"test1"和新文本文件"test.txt"，具体步骤如下。

① 在文件资源管理器窗口的左窗格中选定建立文件夹的位置，即选择"Windows（C:）"选项。

② 单击"主页"→"新建文件夹"按钮，或者右击右窗格空白处，在弹出的快捷菜单中选择"新建"→"文件夹"命令。

③ 直接在反显的"新建文件夹"文本框内输入"test",按 Enter 键或单击空白处。

④ 打开新建的文件夹"test",采用相同的方法创建一个新文件夹"test1"。

⑤ 打开新建的文件夹"test",右击窗口右窗格的空白处,在弹出的快捷菜单中选择"新建"→"文本文档"命令。

⑥ 在反显的"新建文本文档"文本框内输入"test.txt"。

(2)复制文件和文件夹

方法一:使用快捷键复制文件或文件夹。

① 在文件资源管理器窗口的右窗格中,选定所要复制的文件或文件夹。

② 按 Ctrl+C 快捷键,该文件或文件夹被复制到剪贴板中。

③ 为被复制的文件或文件夹选定一个新的存储位置后,按 Ctrl+V 快捷键,原文件或文件夹的副本就会出现在新位置。

方法二:使用按钮复制文件或文件夹。

① 在文件资源管理器窗口的右窗格中,选定要复制的文件或文件夹。

② 单击"主页"→"复制到"按钮,弹出"复制到"下拉列表,如图 2-10 所示。

③ 在下拉列表中指定复制文件或文件夹的目标位置,原文件或文件夹的副本就会出现在新位置。

如果下拉列表中未显示目标位置,则可以选择"选择位置"选项,弹出"复制项目"对话框,如图 2-11 所示。

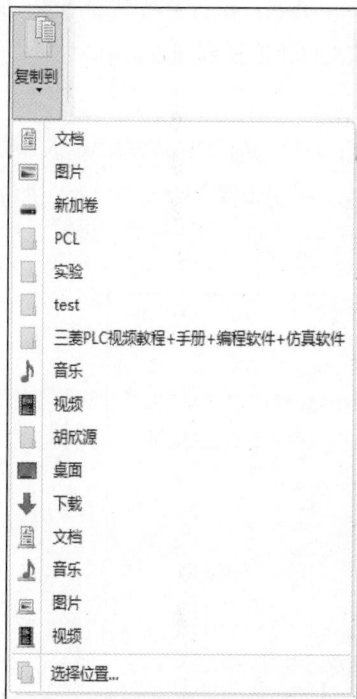

图 2-10 "复制到"下拉列表

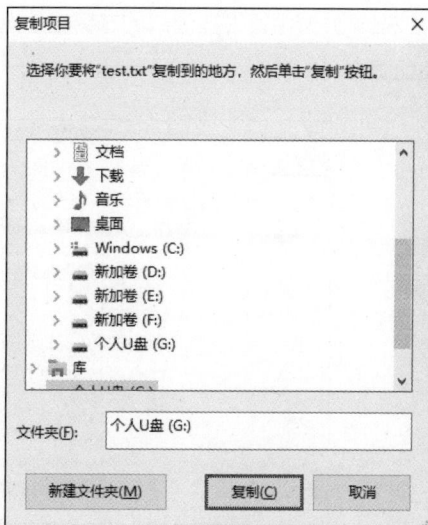

图 2-11 "复制项目"对话框

在此对话框中选择目标位置，也可以新建文件夹作为目标位置，单击"复制"按钮即可完成复制。

方法三：使用鼠标拖动的方式复制文件或文件夹。

在文件资源管理器窗口中，使用鼠标可以更快地复制文件或文件夹，其具体操作步骤如下。

① 在文件资源管理器窗口的右窗格中，选定要复制的文件或文件夹。

② 若将选定对象复制到当前磁盘中，则按住 Ctrl 键的同时将对象拖动到左窗格中目标文件夹或驱动器所在位置，然后释放鼠标左键和 Ctrl 键即可。

③ 若将选定对象复制到其他磁盘，则将对象直接拖动到左窗格中目标文件夹或驱动器所在位置，然后释放鼠标左键即可。

方法四：使用快捷菜单复制文件或文件夹。

① 在文件资源管理器窗口中，右击要复制的文件或文件夹，弹出快捷菜单，选择"复制"命令。

② 在左窗格中右击目标文件夹或驱动器，弹出快捷菜单，选择"粘贴"命令。

（3）删除文件或文件夹

删除文件或文件夹的方法相同，这里以删除桌面上名称为"BOOK1"的文件夹为例进行介绍。

方法一：将鼠标指针定位在桌面上名称为"BOOK1"的图标上，按住鼠标左键并将鼠标指针移动到"回收站"图标上，释放鼠标左键。

方法二：将鼠标指针定位在桌面上名称为"BOOK1"的图标上，在此图标上右击，弹出快捷菜单，选择"删除"命令删除该图标，此时该文件夹被发送到回收站中。

方法三：在文件资源管理器窗口的左窗格中选择"桌面"选项，在右窗格中的"BOOK1"文件夹上右击，在弹出的快捷菜单中选择"删除"命令，将该文件夹发送到回收站中。

（4）查找文件或文件夹

查找本地硬盘中的所有文本文档（扩展名为.txt）时，可以在任务栏的搜索框中输入"*.txt"进行搜索，或在文件资源管理器窗口的左窗格中选择搜索位置，在搜索框中输入"*.txt"进行搜索，搜索结果如图 2-12 所示。

图 2-12　搜索结果

4. 回收站的操作

从回收站中还原已删除的文件或文件夹的方法有以下 3 种。

方法一：选定需要还原的文件或文件夹并右击，在弹出的快捷菜单中选择"还原"命令，选定的文件或文件夹即可还原到它们原来的位置。

方法二：选定需要还原的文件或文件夹，单击"回收站工具"→"还原选定的项目"按钮，选定的文件或文件夹即可还原到它们原来的位置。

方法三：选定需要还原的文件或文件夹，单击"主页"→"移动到"按钮，选定文件或文件夹可被还原到选定的位置。

清空回收站中所有已删除文件或文件夹的方法如下。

方法一：右击"回收站"窗口中的空白处，在弹出的快捷菜单中选择"清空回收站"命令。

方法二：单击"回收站工具"→"清空回收站"按钮。

方法三：右击"回收站"图标，在弹出的快捷菜单中选择"清空回收站"命令。

【综合实践】

（1）在文件资源管理器中完成如下操作。

① 在 C 盘的根目录下创建一个名称为"实验 2"的文件夹。

② 查找 C 盘中扩展名为.bmp 的文件，并将其复制到新建的文件夹中。

③ 将"实验 2"文件夹中的第一个文件移动到桌面上，将第二个文件移动到 C 盘根目录下。

④ 在桌面上创建"实验 2"文件夹的快捷方式，并将其重命名为"AAA"。

（2）依次在桌面上创建名称为"test1.txt""test1.docx""test1.xlsx"的文件，修改这 3 个文件的属性为"隐藏"，然后恢复为默认属性，最后打开这 3 个文件，尝试对这 3 个文件的窗口进行"层叠窗口""堆叠显示窗口""并排显示窗口"操作。

（3）删除文件"test1.txt""test1.docx""test1.xlsx"，并清空回收站。

实践任务 3　中文版 Windows 10 系统设置

【实验目的】

（1）了解控制面板。

（2）了解显示设置、日期和时间的设置。

（3）掌握程序添加、删除的方法。

（4）掌握添加新硬件的方法。

（5）浏览系统信息。

【实验内容】

1. 打开控制面板

方法一：启动"搜索"程序，在搜索框中输入"控制面板"并进行搜索，选择搜索结果中的"控制面板"选项。

方法二：单击"开始"→"Windows 系统"→"控制面板"按钮。

打开图 2-13 所示的"所有控制面板项"窗口（注意：需要将"查看方式"设置为"小图标"）。

图 2-13 "所有控制面板项"窗口

2. 打开"设置"窗口

单击"开始"→"设置"按钮，打开图 2-14 所示的"设置"窗口。

图 2-14 "设置"窗口

与"控制面板"窗口相比,"设置"窗口增加了"隐私"选项,并对"控制面板"窗口中的一些功能进行了整合、重新分类,形成了"系统""更新和安全""应用" 3 个选项;将"控制面板"窗口中的"用户账户"从本地用户升级为网络用户。

3. 显示设置

方法一:在桌面的空白处右击,在弹出的快捷菜单中选择"显示设置"命令。

方法二:在"设置"窗口中选择"系统"中的"显示"选项。

进入的"显示"界面如图 2-15 所示。

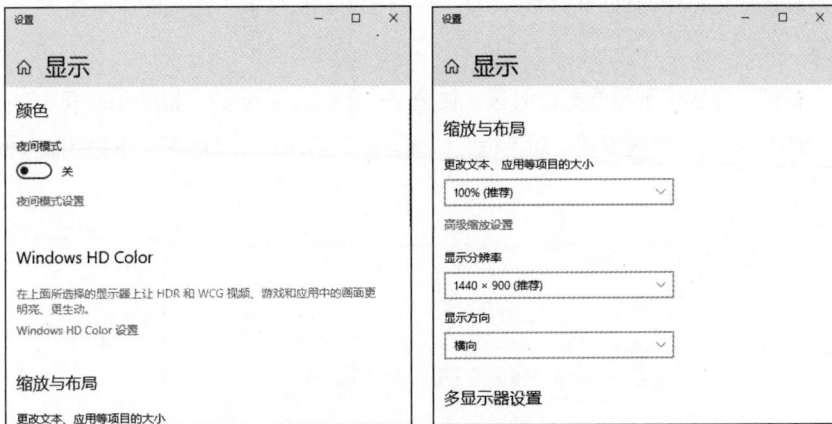

图 2-15 "显示"界面

如果需要调整显示分辨率,则可以在图 2-15 所示界面的"显示分辨率"下拉列表中选择目标分辨率,然后单击"保留更改"按钮。

4. 日期和时间设置

在"控制面板"窗口中选择"日期和时间"选项,弹出图 2-16(a)所示的"日期和时间"对话框,单击"更改日期和时间"按钮,弹出图 2-16(b)所示的"日期和时间设置"对话框。

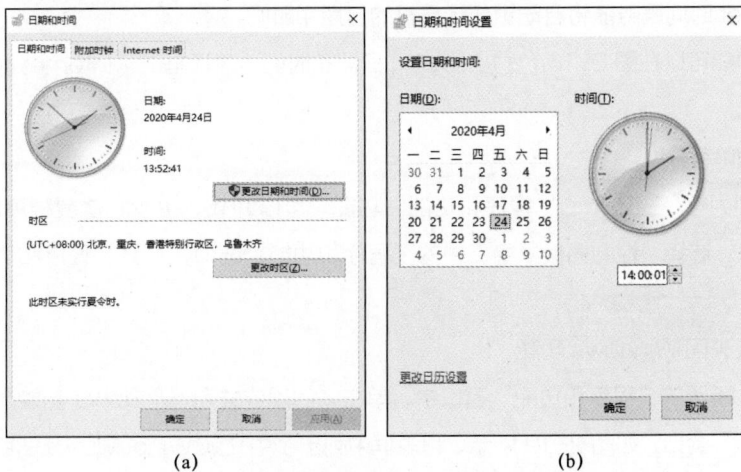

(a)　　　　　　　　　　　(b)

图 2-16 "日期和时间"对话框与"日期和时间设置"对话框

（1）日期

"日期和时间设置"对话框的左侧是"日期"设置框，在此框中可以设置日期。

单击"◀"或"▶"按钮可以更改月份。例如，图 2-16（b）所示的日期是 2020 年 4 月 24 日。

（2）时间

时间分为时、分、秒 3 个域，需要逐项修改。

例如，修改小时可单击"日期和时间设置"对话框中的时域，再单击右边的向上、向下按钮进行调整，可发现该对话框中时钟的时针在转动。用户也可以直接输入当前的小时数。

（3）时区

如果用户在周游世界，则需要更改时区，在图 2-16（a）所示的"日期和时间"对话框中单击"更改时区"按钮，弹出"时区设置"对话框，如图 2-17 所示，在"时区"下拉列表中选择相应的时区即可。

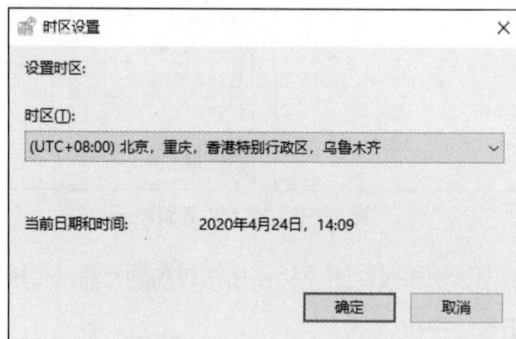

图 2-17 "时区设置"对话框

（4）Internet 时间

连接到 Internet 后，如果启用了时间同步功能，则计算机每周会和 Internet 时间服务器进行一次同步，Internet 时间服务器将自动更新计算机的日期和时间。

时间同步功能可以在图 2-16（a）所示的"日期和时间"对话框的"Internet 时间"选项卡中进行设置。

5．添加/删除程序

使用"控制面板"窗口中的"程序和功能"功能，可以卸载、更改、修复程序以及启用/关闭 Windows 功能。选择"控制面板"窗口中的"程序和功能"选项，打开"程序和功能"窗口，如图 2-18 所示。

（1）启用或关闭 Windows 功能

在图 2-18 所示的"程序和功能"窗口中，单击"启用或关闭 Windows 功能"超链接，打开"Windows 功能"窗口，如图 2-19 所示，列表框中列出了中文版 Windows 10 的所有组件，可以拖动滚动条查看全部组件。

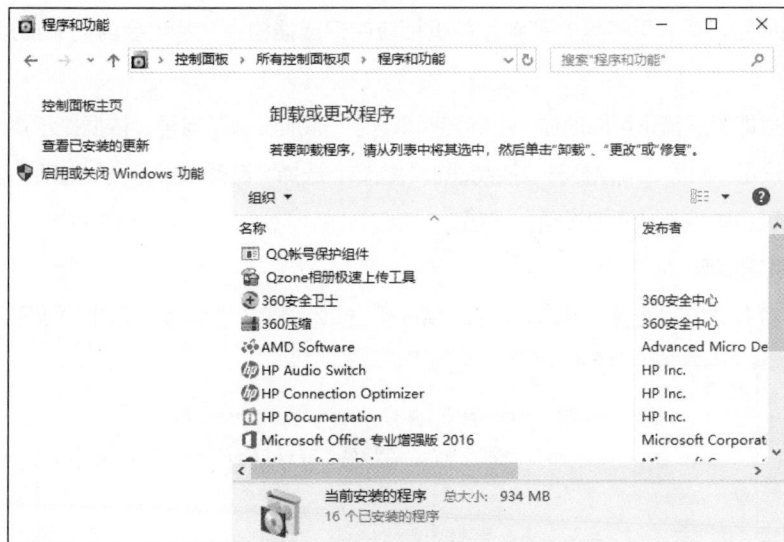

图 2-18 "程序和功能"窗口

图 2-19 "Windows 功能"窗口

此时，"Internet Information Services"前的复选框处于未选中状态，将鼠标指针移动到"Internet Information Services"上时会出现相关说明。

选择需要关闭或者启用的功能，取消选中复选框则功能关闭，选中复选框则功能启用，单击"确定"按钮，等待系统搜索需要的文件，完成更改后，重启计算机使更改生效。

（2）卸载或更改程序

卸载或更改中文版 Windows 10 中程序的操作步骤：在图 2-18 所示的"程序和功能"窗口中选择准备卸载或更改且可以卸载或更改的程序（如"360 压缩"程序），在其上右击，在弹出的快捷菜单中选择"卸载/更改"命令，按照提示进行操作，即可将相应程序彻底地卸载或更改。

6. 添加新硬件

要添加新硬件，需先安装新硬件或将新硬件与计算机连接。

对于即插即用设备，可将其安装到计算机相应端口或插槽中，系统会自动添加相应设备驱动程序。

对于非即插即用设备，可以通过 Windows 10 的"添加设备"向导，依据提示逐步进行安装。要打开"添加设备"向导，可以打开"控制面板"窗口，选择"设备和打印机"选项，在打开的"设备和打印机"窗口中单击"添加设备"按钮。

7．浏览系统信息

方法一：打开"控制面板"窗口，选择"系统"选项，打开"系统"窗口，如图 2-20 所示。

图 2-20　"系统"窗口

该窗口会显示计算机使用的操作系统版本、计算机处理器信息、内存信息、计算机名、计算机所在的工作组名等。单击"设备管理器"超链接，可以打开"设备管理器"窗口，查看与计算机相连的所有硬件设备的信息，如图 2-21 所示。

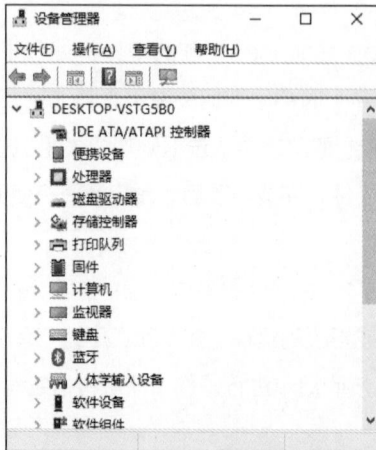

图 2-21　"设备管理器"窗口

方法二：打开"设置"窗口，选择"系统"中的"关于"选项，进入"关于"界面，如图 2-22 所示，在其中即可浏览系统信息。

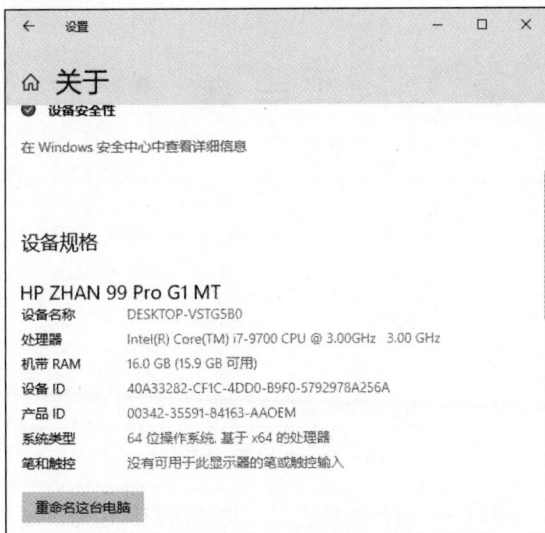

图 2-22 "关于"界面

【综合实践】

（1）为桌面设置黑色的纯色背景，屏幕保护程序设置为"变幻线"。

（2）切换鼠标的主要按钮和次要按钮，使鼠标右键用于主要操作。

（3）启用 Windows 10 的"TFTP Client"功能。

实践任务 4 中文版 Windows 10 其他常用功能

【实验目的】

（1）了解 Windows 10 中"画图"程序的使用。

（2）掌握管理压缩文件的方法。

（3）了解 Windows 10 中任务管理器的使用。

（4）了解 Windows 10 中其他软件和工具的使用。

【实验内容】

1. 使用 Windows 10 的"画图"程序

画图就是设置页面（画布），然后在调色板中选取颜色，使用适当的工具在画布上绘画的过程。

在 Windows 10 中，单击"开始"→"Windows 附件"→"画图"按钮，打开图 2-23 所示的"画图"窗口。

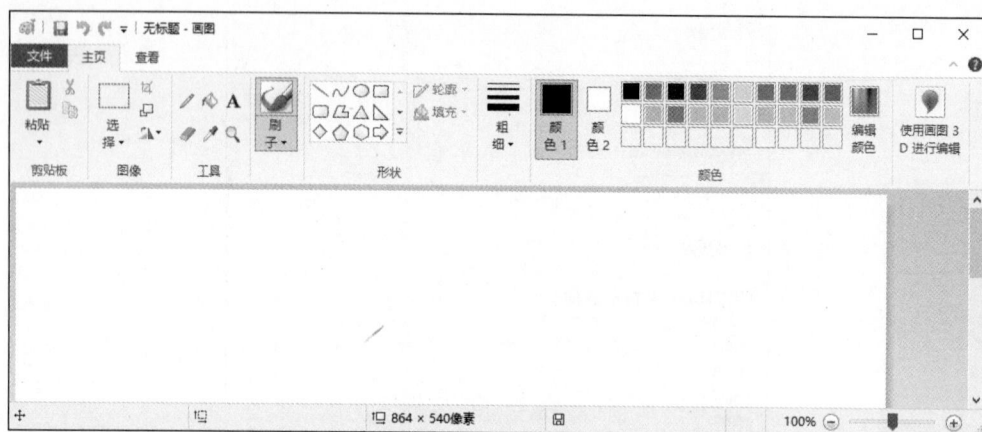

图 2-23 "画图"窗口

此窗口顶部为功能区，可以在此选择绘图工具；功能区右边色彩斑斓的盒子是调色板，可以在此选择适当的前景颜色和背景颜色；中间的白色区域称为画布。

2. 管理压缩文件夹

（1）创建压缩文件夹

要在 Windows 10 中创建 ZIP 格式的压缩文件夹，可在文件夹上右击，在弹出的快捷菜单中选择"发送到"→"压缩（zipped）文件夹"命令，如图 2-24 所示。

系统结束压缩后，就会显示生成的压缩文件夹。

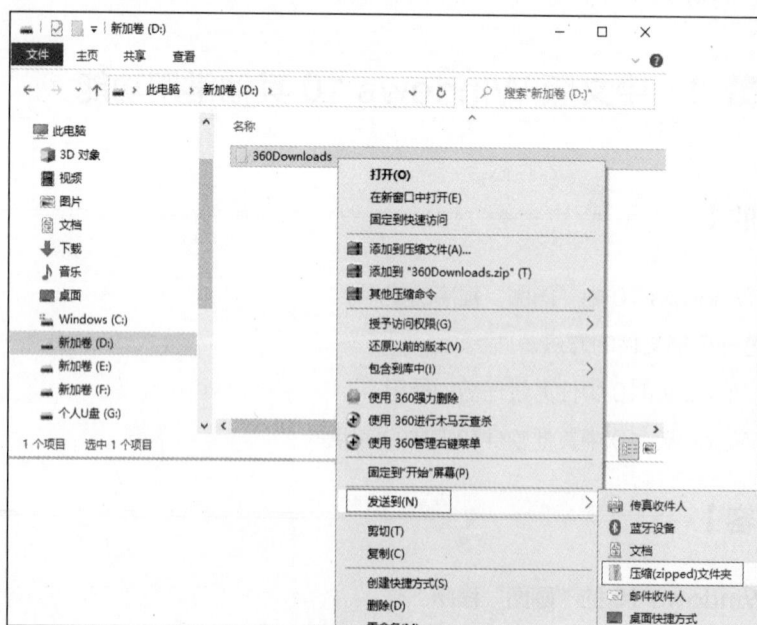

图 2-24 创建 ZIP 格式的压缩文件夹

（2）浏览压缩文件夹

在 Windows 10 中浏览压缩文件夹和浏览普通文件夹一样，双击打开即可。可以直接选中压缩文件夹中的文件，进行相关的文件操作，和在普通文件夹中处理文件一样。

（3）将文件添加到压缩文件夹中

在文件资源管理器窗口中将文件拖动到压缩文件夹上，就可以将文件添加到压缩文件夹中。

（4）从压缩文件夹中提取文件或文件夹

若需要提取压缩文件夹中的某个文件或文件夹，则打开压缩文件夹，从中选择要提取的文件或文件夹，将其拖动到新的位置即可。

3. 打开 Windows 10 的任务管理器

方法一：按 Ctrl+Alt+Delete 键，选择"任务管理器"选项，即可打开"任务管理器"窗口。

方法二：右击任务栏空白处，在弹出的快捷菜单中选择"任务管理器"命令，即可打开"任务管理器"窗口。

图 2-25（a）所示为"任务管理器"窗口的简略信息界面，单击该界面左下角的"详细信息"超链接，可进入图 2-25（b）所示的详细信息界面。

在简略信息界面的进程列表框中选择要结束运行的程序，单击"结束任务"按钮，Windows 10 将终止相应程序。

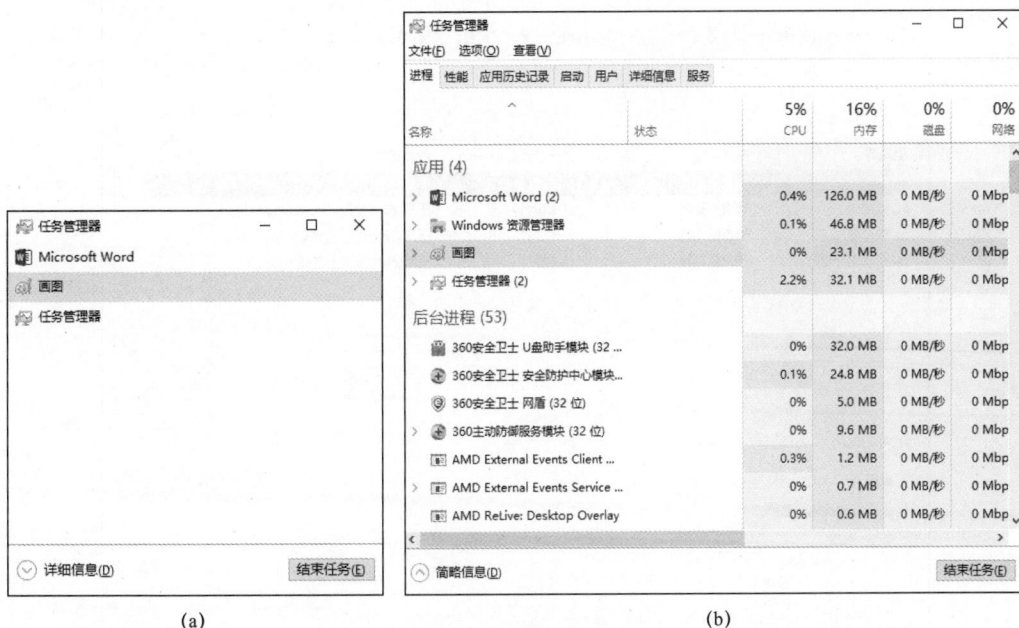

(a)　　　　　　　(b)

图 2-25 "任务管理器"窗口

在详细信息界面的"进程"选项卡中，选择进程列表框中的某一项，单击该界面右下角的"结束任务"按钮，即可终止相应程序。在"性能"选项卡中可以查看 CPU、内存、磁盘、网络等的实时使用情况。

4．使用管理工具清理磁盘

在 Windows 10 中，单击"开始"→"Windows 管理工具"→"磁盘清理"按钮，弹出"磁盘清理：驱动器选择"对话框，如图 2-26 所示。

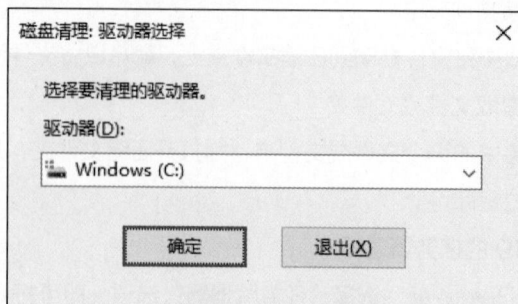

图 2-26 "磁盘清理：驱动器选择"对话框

磁盘清理工具可以对磁盘进行清理，将临时文件或浏览网页时驻留在计算机中的一些图片、文档等冗余数据删除，以便腾出存储空间。

在 Windows 10 中，单击"开始"→"Windows 管理工具"→"碎片整理和优化驱动器"按钮，打开"优化驱动器"窗口，如图 2-27 所示。

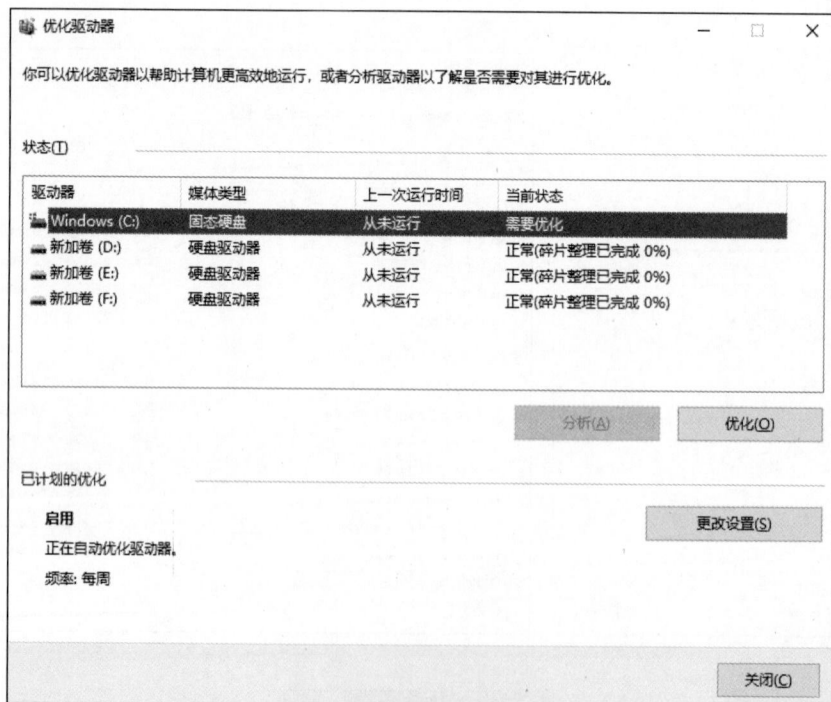

图 2-27 "优化驱动器"窗口

碎片整理和优化驱动器工具可以对磁盘中的文件及空间进行重新排列，消除磁盘中的碎片空间，使文件尽量分配到相连的存储空间，达到快速访问及节省磁盘空间的目的。

【综合实践】

（1）制作一张新年贺卡的图片，并将其设置为桌面背景。

（2）使用计算器，计算二进制数 1011 与 1110 的和、差、积。

（3）在记事本和写字板中分别输入一段文字并将其保存在 C 盘根目录下，分别将其命名为"记事本文件.txt""写字板文件.rtf"，观察这两个文件的区别。

（4）使用放大镜工具放大屏幕画面。

（5）使用截图工具截取某网页中的部分内容，并保存成 JPG 格式的文件。

学习单元3
Microsoft Word 2016的应用操作

【实验目的】

（1）掌握 Word 2016 的启动，文档的创建、打开、保存、关闭的方法。

（2）学会 Word 2016 文档编辑的基本操作 1：插入点移动、文档输入。

（3）学会 Word 2016 文档编辑的基本操作 2：文档的范围选定、复制、移动和删除。

（4）掌握文字定位、查找和替换的方法。

【实验内容】

1. 启动 Word 2016

方法一：单击"开始"→"Microsoft Word 2016"按钮。

方法二：双击桌面上 Word 2016 的快捷方式。

方法三：双击已经创建的 Word 2016 文档图标。

Word 2016 的工作界面如图 3-1 所示。

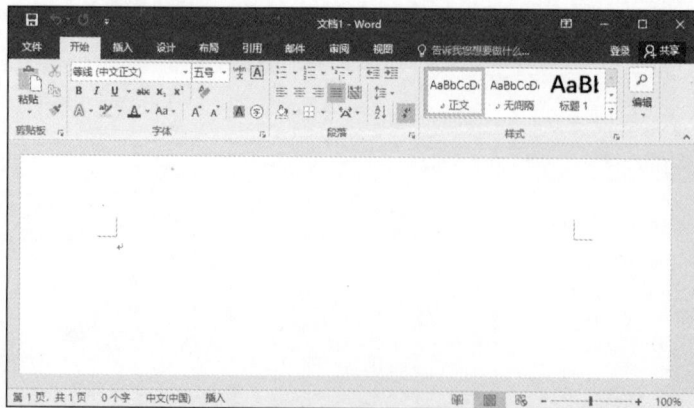

图 3-1 Word 2016 的工作界面

2. Word 2016 文档的创建与保存

Word 2016 启动后，进入图 3-1 所示的界面，在编辑区中可以输入文字，按要求完成如下操作。

（1）输入下列英文

A computer development apparatus includes hardware-parts where design data on hardware parts are caused to correspond to each other for each of information for identifying the hardware parts, software-parts where design data on software parts are caused to correspond to each other for each of information for identifying the software parts, relation for registering data for identifying a hardware part and a software part for each function of computer, the hardware part and the software part being necessary for implementing each function, constraint condition for specifying functions of a development-target computer, and extraction unit for identifying hardware part and software part by using the constraint condition and the relation, the hardware and software parts being necessary for implementing the functions included in the constraint condition, extracting, out of the hardware-parts and the software-parts, design data corresponding to the identified hardware part and software part, and outputting the extracted design data.

将文档保存在 D 盘根目录下，并将其命名为"英文.docx"，其方法如下。

单击"文件"→"保存"按钮，进入"另存为"界面，如图 3-2 所示。

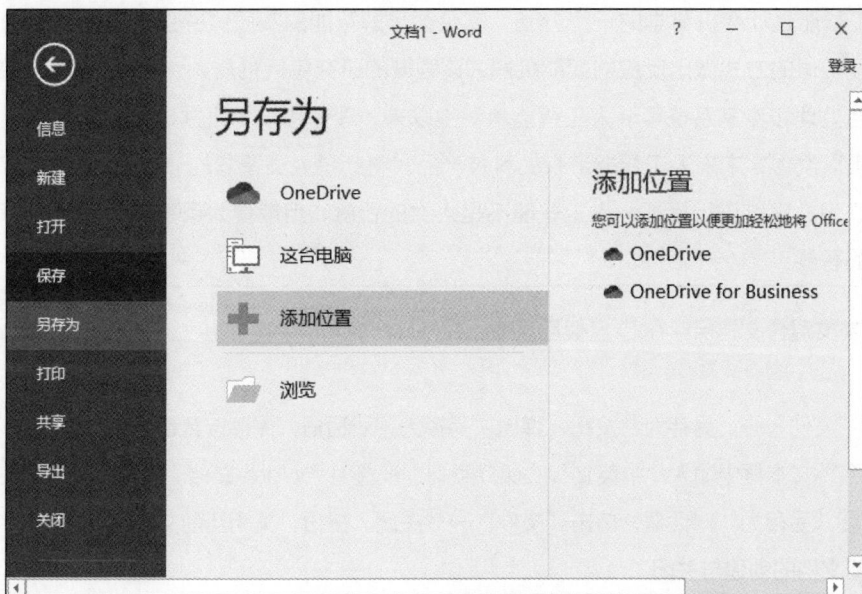

图 3-2 "另存为"界面

单击"浏览"按钮，弹出"另存为"对话框，如图3-3所示，保存位置设置为"新加卷（D:）"，在"文件名"文本框中输入"英文"，"保存类型"设置为"Word 文档（*.docx）"，单击"保存"按钮，关闭"另存为"对话框。

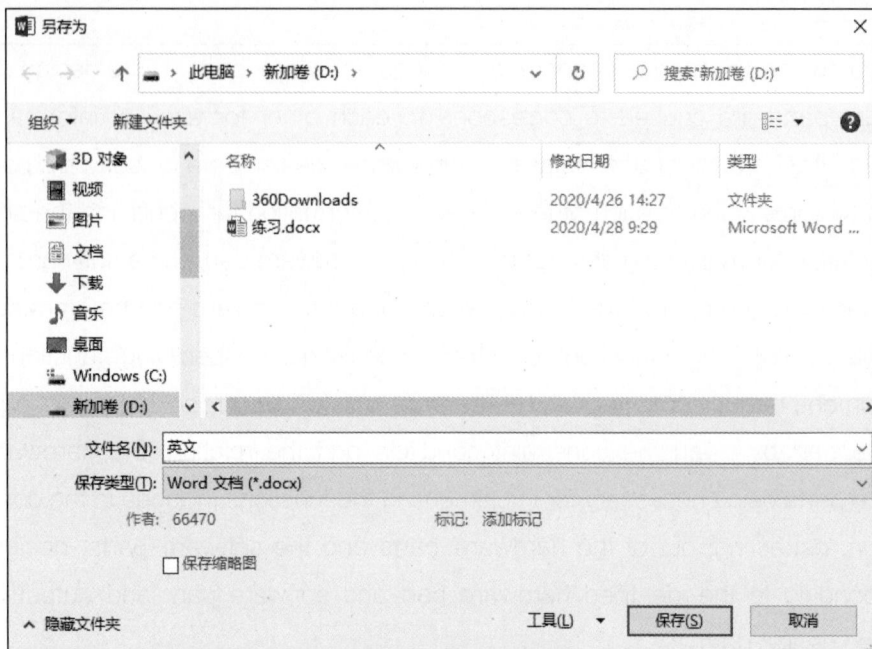

图3-3 "另存为"对话框

（2）在"英文.docx"文档中输入下列文字

> 人工智能是计算机科学的一个分支，它企图了解智能的实质，并生产出一种新的能以与人类智能相似的方式做出反应的智能机器，该领域的研究包括机器人、语言识别、图像识别、自然语言处理和专家系统等。人工智能从诞生以来，理论和技术日益成熟，应用领域也不断扩大，可以设想，未来人工智能带来的科技产品，将会是人类智慧的"容器"。人工智能可以对人的意识、思维进行模拟。人工智能不是人类的智能，但能像人类那样思考，也可能会超越人类的智能。

将中英文混合文档保存在 D 盘根目录下，并将其命名为"中英文.docx"，关闭此文档。其方法如下。

单击"文件"→"另存为"按钮，弹出"另存为"对话框；保存位置设置为"新加卷（D:）"，在"文件名"文本框中输入"中英文"，"保存类型"设置为"Word 文档（*.docx）"，单击"保存"按钮，关闭"另存为"对话框；单击"文件"→"关闭"按钮，关闭当前文档。

3. 新文档的创建与关闭

单击"文件"→"新建"按钮，选择"空白文档"模板，新建一个文档，输入下列文字。

物联网（Internet of Things，IoT）是指通过信息传感器、射频识别技术、全球定位系统、红外感应器、激光扫描器等各种装置与技术，实时采集任何需要监控、连接、互动的物体或过程，采集其声、光、热、电、力学、化学、生物、位置等各种需要的信息，通过各类可能的网络接入，实现物与物、物与人的泛在连接，实现对物品和过程的智能化感知、识别及管理。物联网是一个基于互联网、传统电信网络等的信息承载体，它使所有能够被独立寻址的普通物理对象组成一个互连互通的网络。

将文档保存在 D 盘根目录下，并将其命名为"实践 1.docx"，关闭此文档但不退出 Word 2016 应用程序（操作提示：利用"文件"菜单中的按钮）。

4．退出 Word 2016

方法一：单击 Word 2016 窗口标题栏右端的"关闭"按钮。

方法二：右击 Word 2016 窗口标题栏任意位置，在弹出的快捷菜单中选择"关闭"命令。

方法三：按 Alt+F4 键。

如果在退出 Word 2016 之前，文档还没有保存，则在退出时，系统会提示用户是否将更改保存到文档。

5．打开 Word 2016 文档

打开 D 盘根目录下文件名为"中英文.docx"的 Word 2016 文档。

方法一：打开文件资源管理器，选择 D 盘根目录，双击"中英文.docx"文档的图标。

方法二：在 Word 2016 窗口中，单击"文件"→"打开"按钮，进入图 3-4 所示的"打开"界面，单击"浏览"按钮，弹出"打开"对话框，如图 3-5 所示，选择"新加卷（D:）"选项，选择"中英文.docx"选项，单击"打开"按钮，即可将文档打开。

图 3-4 "打开"界面

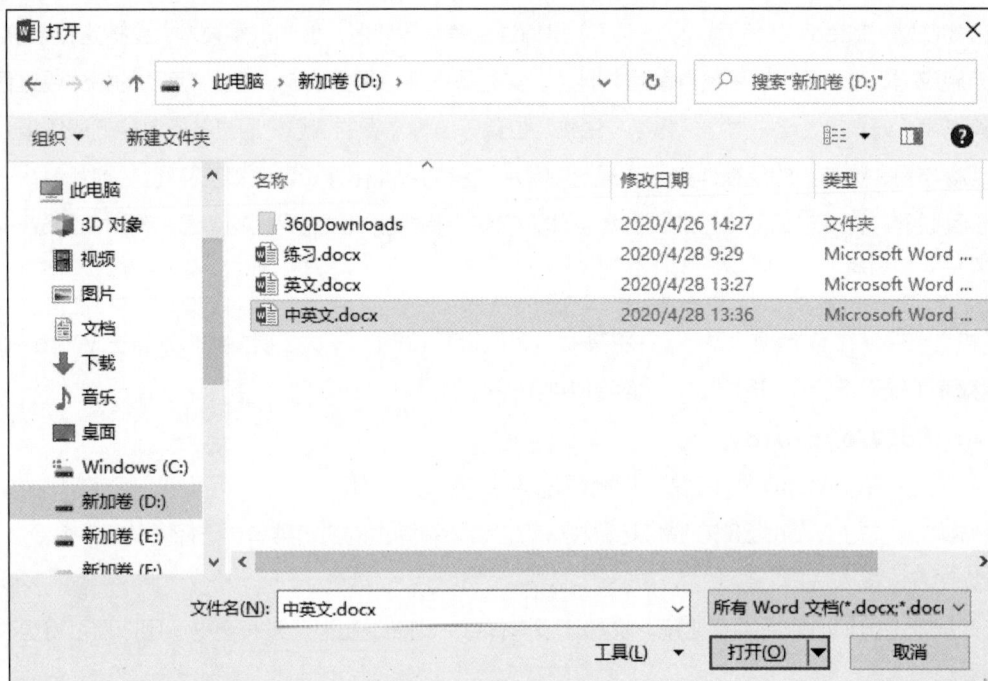

图 3-5 "打开"对话框

方法三：在 Word 2016 窗口中，单击"文件"→"打开"按钮，进入图 3-4 所示的"打开"界面，在右侧历史文档列表框中选择"中英文.docx"选项，即可将文档打开。

对打开的文档执行如下操作。

（1）选定文本

选择任意文本：从要选定文本的开头拖动鼠标到要选定文本的结尾，即可选定相应文本，所选文本反显。若要取消选择，则单击文本任意位置即可。

选择大范围的文本：先将"I"形鼠标指针定位在要选择的文本的开始处并单击，按住 Shift 键，再单击要选择的文本的末尾即可。

选择一行文本：单击该行最左边的选定栏。

选择多行文本：在选定栏中拖动鼠标。

选择一句文本：先按住 Ctrl 键，再单击句子中的任意位置。

选择一段文本：双击该段左侧选定栏，或三击该段内的任意位置。

选择全文：单击"开始"→"编辑"组中的"选择"下拉按钮，在弹出的下拉列表中选择"全选"选项。

（2）删除文本

方法一：选定欲删除的文本，单击"开始"→"剪切"按钮。

方法二：选定欲删除的文本并右击，在弹出的快捷菜单中选择"剪切"命令。

方法三：选定欲删除的文本，按 Delete 键。

（3）移动（或复制）文本

方法一：选定欲移动（或复制）的文本，单击"开始"→"剪贴板"组中的"剪切"按钮或"复制"按钮，将插入点移动到目标位置，单击"开始"→"剪贴板"组中的"粘贴"按钮。

方法二：选定欲移动（或复制）的文本后，使用快捷菜单或快捷键完成移动。

方法三：选定欲复制（或移动）的文本，将鼠标指针移动到选定的文本上，当鼠标指针由"I"形变为箭头形状时，同时按住 Ctrl 键（如果是移动文本，则不要按住 Ctrl 键），将选定内容拖动到新的位置即可。

（4）查找文本

方法一：单击"开始"→"编辑"组中的"查找"按钮，弹出"导航"窗格，如图 3-6 所示，在文本框中输入需要查找的内容，文档中所有符合要求的文本底纹变为黄色。

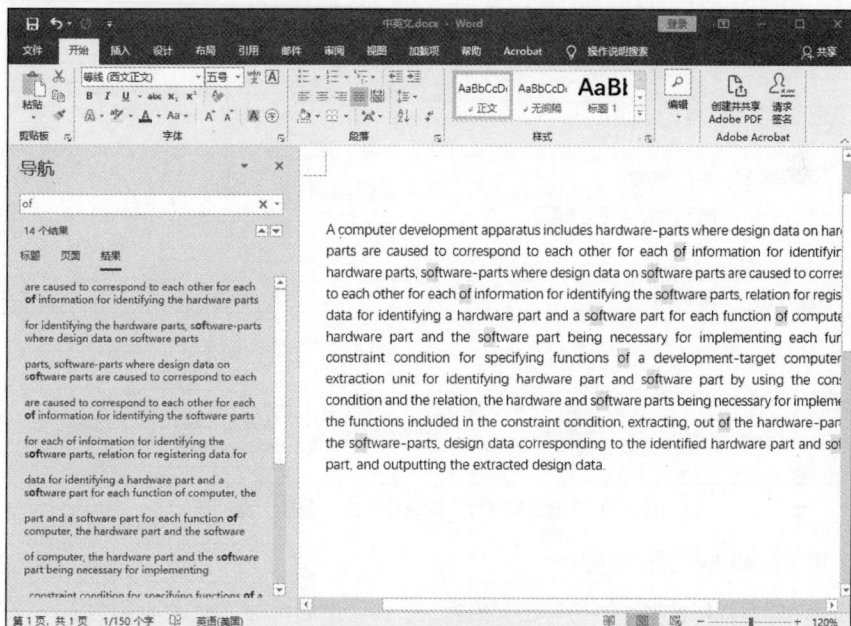

图 3-6 "导航"窗格

方法二：将插入点移动到文档开始位置，单击"开始"→"编辑"组中的"查找"按钮，在弹出的下拉列表中选择"高级查找"选项，弹出"查找和替换"对话框，如图 3-7 所示。切换到"查找"选项卡，在"查找内容"文本框中输入需要查找的内容，单击"查找下一处"按钮，Word 2016 开始查找，在找到的第一个满足条件的文本处停下，继续单击"查找下一处"按钮，将不断重复查找，直到完成查找操作。

（5）替换文本

在"查找和替换"对话框中切换到"替换"选项卡，如图 3-8 所示，在"查找内容"文本框中输入被替换的内容，在"替换为"文本框中输入替换内容，单击"替换"（或"查找下一处"或"全部替换"）按钮，Word 2016 开始执行替换（或查找下一处或全部替换）操作。

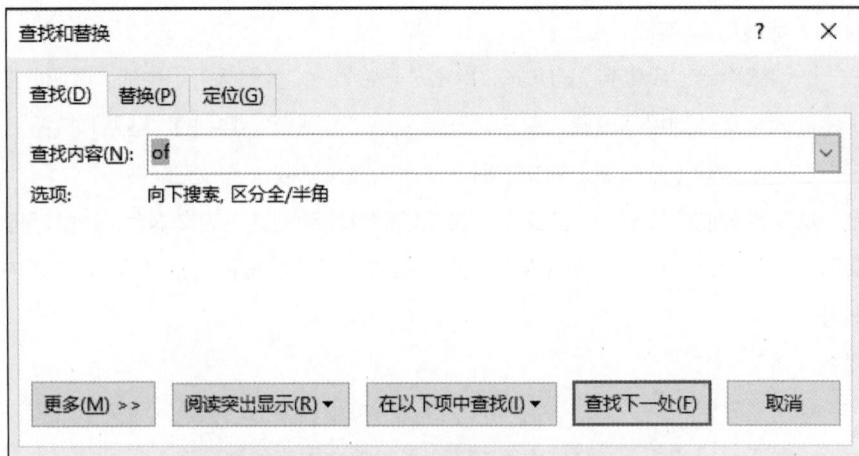

图 3-7　"查找和替换"对话框中的"查找"选项卡

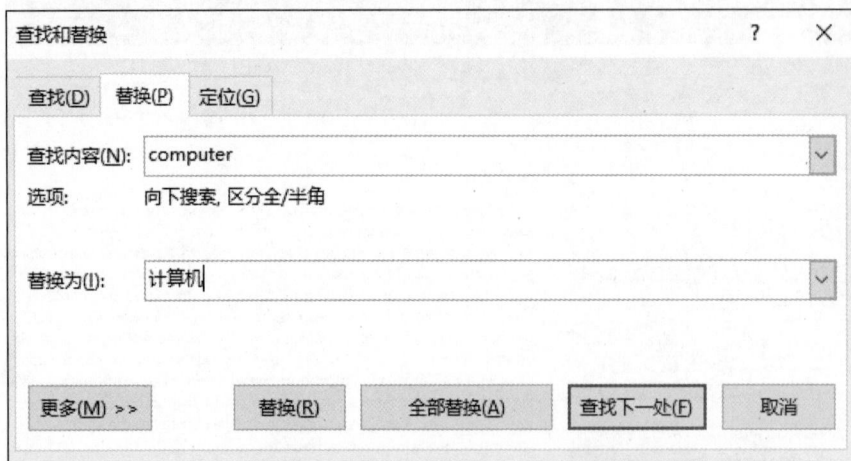

图 3-8　"查找和替换"对话框中的"替换"选项卡

　　按 Esc 键可取消正在进行的搜索。

　　若要进行格式查找和替换，则可单击"更多"按钮，然后单击"格式"下拉按钮，在弹出的下拉列表中选择"格式"选项。

　　（6）文本定位

　　在"查找和替换"对话框中切换到"定位"选项卡，可以根据定位目标进行定位。

【综合实践】

　　（1）根据上述方法，分别选定打开的文档中的一句、一行、一段、全文。

　　（2）将打开的文档中的第一段英文的前两句移动到文档末尾，使其单独成段；将文档中的中文部分复制到文档开始，作为第一段。

　　（3）在打开的文档中查找单词"computer"。

　　（4）在打开的文档中查找所有的"computer"，并将其替换为"计算机"。

实践任务 2　Microsoft Word 2016 文档排版

【实验目的】

（1）掌握设置字体、段落格式的基本方法。

（2）熟悉撤销和恢复操作。

（3）掌握文档的页面设置方法。

（4）掌握文档插入页码与页眉、分栏设置的方法。

（5）掌握文档预览与打印方法。

【实验内容】

1．字体和段落格式设置

打开 D 盘根目录下文件名为"中英文.docx"的文档，完成如下操作。

（1）添加标题"中英文录入"。

（2）选定标题，单击"开始"（见图 3-9）→"字体"组右下角的对话框启动器，也可右击所选定的标题，在弹出的快捷菜单中选择"字体"命令，弹出"字体"对话框，如图 3-10 所示。

图 3-9　"开始"菜单

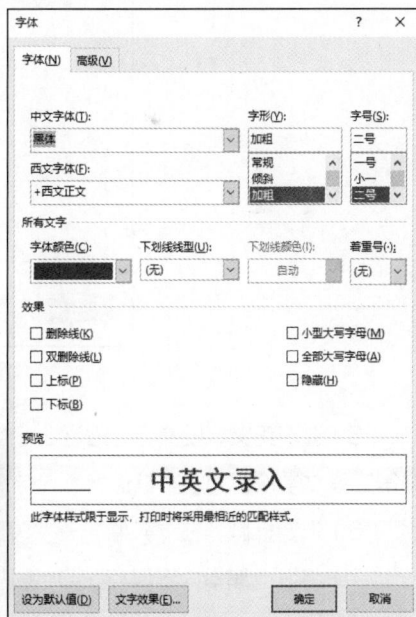

图 3-10　"字体"对话框

设置"中文字体"为"黑体"、"字号"为"二号"、"字形"为"加粗"、"字体颜色"为红色，单击"确定"按钮。

111

（3）选定正文，设置正文为小四号、宋体；为第一段最后一行加波浪线，设置"字形"为"倾斜"、"字体颜色"为绿色；设置第二段的字符间距为加宽 1.5 磅。

（4）选定标题，单击"开始"→"段落"组中的"居中"按钮，使标题居中；也可右击所选定的标题，在弹出的快捷菜单中选择"段落"命令，弹出"段落"对话框，如图 3-11 所示，将"对齐方式"设置为"居中"，"行距"设置为"单倍行距"。

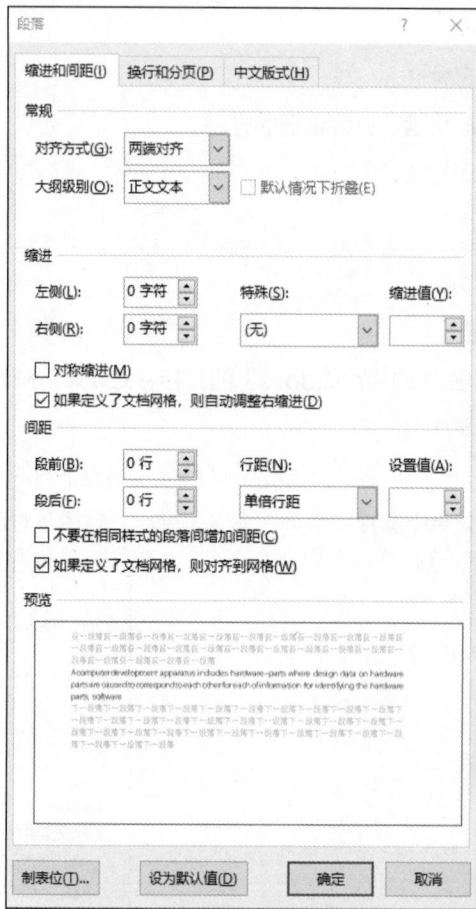

图 3-11　"段落"对话框

（5）选定正文，设置首行缩进 2 个字符，"行距"设置为"固定值""18 磅"；选定第二段文字，将第二段文字设置为左右缩进各 5 个字符、段前 3 行、段后 2 行、右对齐。

（6）选定标题，在"开始"→"段落"组中，设置"底纹"为橙色、"边框"为"外侧框线"。

（7）将以上编辑内容保存在 D 盘根目录下，并将文件命名为"实践 2.docx"。

（8）多次单击"撤销"按钮，撤销前几次的操作；若单击"恢复"按钮，则恢复前几次所撤销的操作。

2. 页面设置

将文档"实践 2.docx"的"纸张大小"设置为"A4"，上、下、左、右页边距各为 2 厘米。

（1）单击"布局"→"页面设置"组右下角的对话框启动器，弹出"页面设置"对话框，如图 3-12 所示。

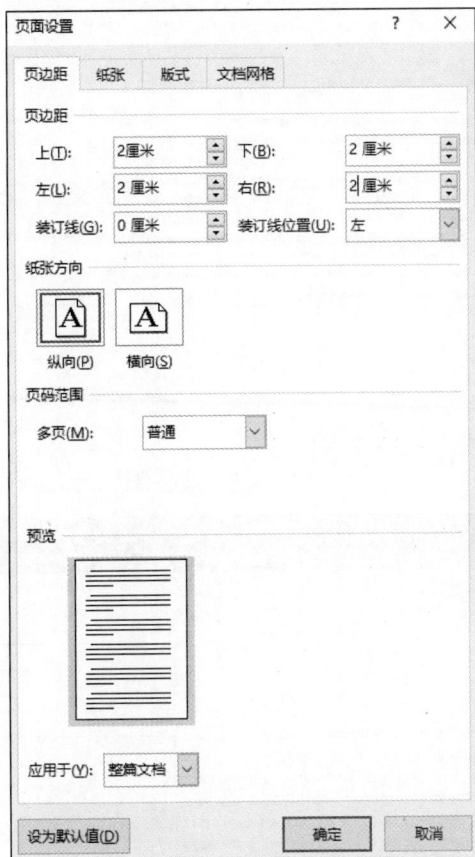

图 3-12 "页面设置"对话框

（2）在"页边距"选项卡中设置上、下、左、右页边距均为"2 厘米"。

（3）在"纸张"选项卡中设置"纸张大小"为"A4"。

（4）单击"确定"按钮。

3. 插入页码

为文档"实践 2.docx"插入页码，页码位于页面右下角。

（1）单击"插入"→"页眉和页脚"组中的"页码"下拉按钮，在弹出的下拉列表（见图 3-13）中选择"页面底端"→"普通数字 3"选项。

（2）单击"页眉和页脚工具-设计"→"关闭"组中的"关闭页眉和页脚"按钮。

4. 插入页眉和页脚

为文档"实践 2.docx"插入页眉"实践练习"并右对齐，页脚为当前日期且左对齐。

（1）单击"插入"→"页眉和页脚"组中的"页眉"下拉按钮，在弹出的下拉列表中选择"空白"选项，如图 3-14 所示。

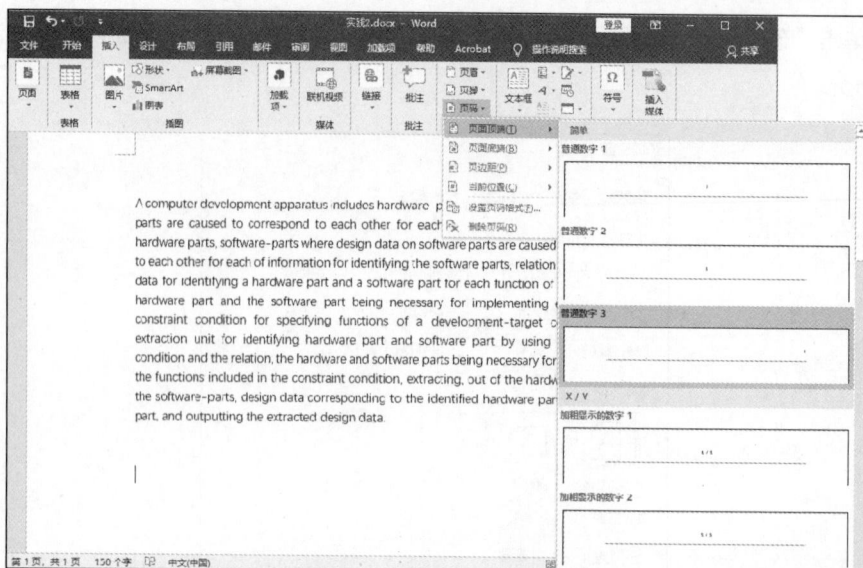

图 3-13 "页码"下拉列表

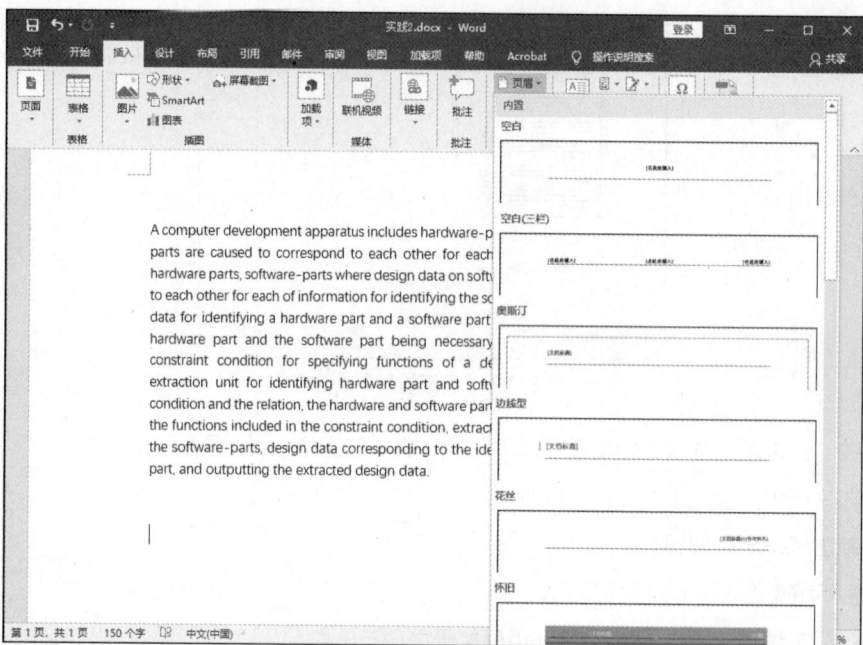

图 3-14 插入页眉

（2）在"页眉"区域中输入"实践练习"，单击"开始"→"段落"组中的"右对齐"按钮，使之右对齐。

（3）单击"页眉和页脚工具-设计"→"导航"组中的"转至页脚"按钮或直接移动到页脚位置并单击页脚区域，单击"日期和时间"按钮，选择一种日期格式，单击"开始"→"段落"组中的"左对齐"按钮，使之左对齐。

（4）单击"页眉和页脚工具-设计"→"关闭"组中的"关闭页眉和页脚"按钮。

5. 分栏设置

将文档"实践 2.docx"的英文部分分为 3 栏，栏宽相等，并加上分隔线。

（1）选定文档"实践 2.docx"的英文部分，单击"布局"→"页面设置"组中的"栏"下拉按钮，在弹出的下拉列表中选择"更多栏"选项，弹出"分栏"对话框，如图 3-15 所示。

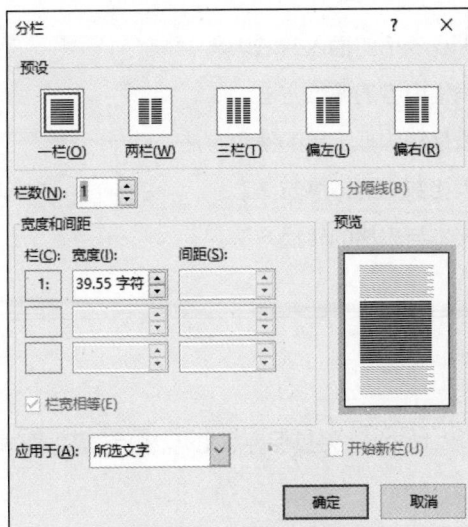

图 3-15 "分栏"对话框

（2）将"预设"设置为"三栏"，选中"分隔线""栏宽相等"复选框。

（3）单击"确定"按钮。

6. 预览和打印文档

（1）单击"文件"→"打印"按钮，可进行打印预览，如图 3-16 所示。

（2）连接打印机，直接单击"打印"按钮进行打印；打印前可以在图 3-16 所示的窗口中进行相应设置。

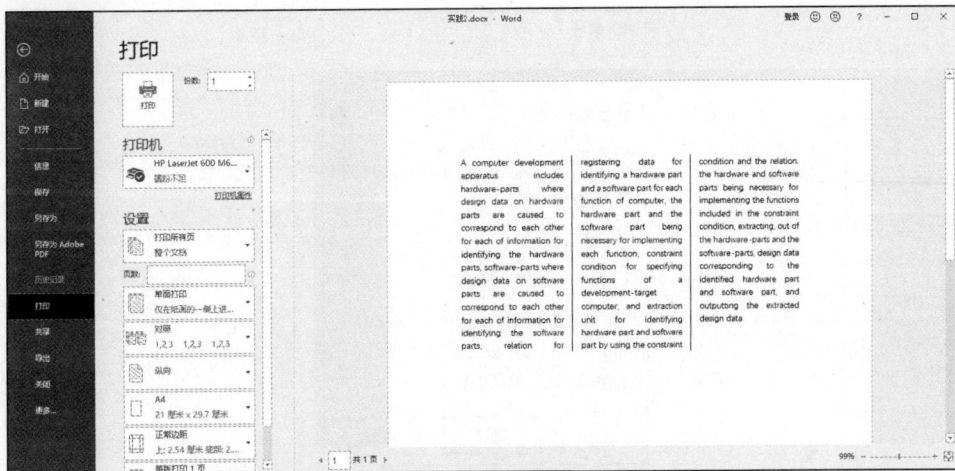

图 3-16 打印预览

实践任务 3　Microsoft Word 2016 表格制作

【实验目的】

（1）熟练掌握 Word 2016 表格的插入方法。

（2）掌握 Word 2016 表格内容的编辑方法。

（3）掌握 Word 2016 表格和边框工具的使用方法。

（4）掌握 Word 2016 表格数据的排序方法。

（5）掌握 Word 2016 文本与表格的转换方法。

【实验内容】

1. 插入表格

新建 Word 2016 文档"bg.docx"，将其保存在 D 盘根目录下，要求创建一个 4 列 3 行的表格，如表 3-1 所示。

表 3-1　4 列 3 行的表格

方法一：使用"插入表格"选项。单击"插入"→"表格"组中的"表格"下拉按钮，在弹出的下拉列表中选择"插入表格"选项，弹出"插入表格"对话框，如图 3-17 所示，设置表格的"行数"为"3"、"列数"为"4"、"固定列宽"为"2 厘米"。

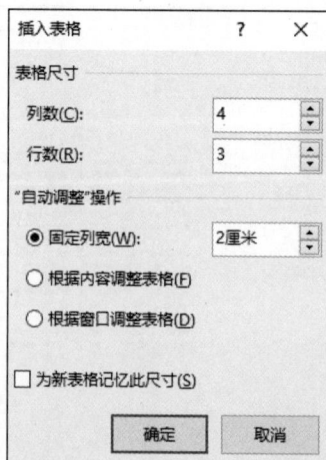

图 3-17　"插入表格"对话框

方法二：快捷插入表格。单击"插入"→"表格"组中的"表格"下拉按钮，弹出下拉列表（见图 3-18），沿网格向右拖动鼠标定义表格的列数，沿网格向下拖动鼠标定义表格的行数，可以快捷地创建一个简单表格。

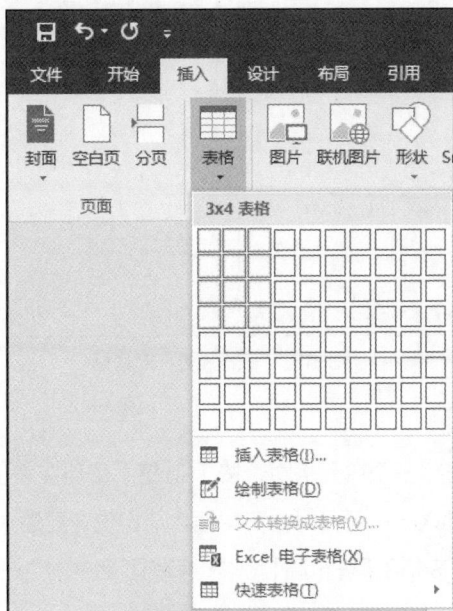

图 3-18 "表格"下拉列表

方法三：使用"绘制表格"选项。单击"插入"→"表格"组中的"表格"下拉按钮，在弹出的下拉列表中选择"绘制表格"选项，可以随心所欲地绘制出更复杂的表格；若有错误，则可单击"表格工具-布局"→"绘图"组中的"橡皮擦"按钮 进行修正。

2. 表格编辑

（1）选定表格

选定一个单元格：将鼠标指针定位在表格单元格的左边框，当鼠标指针变成 时单击，即可选定该单元格。

选定一行：将鼠标指针定位在表格某行的左侧，当指针变成 时单击，即可选定该行。

选择一列：将鼠标指针定位在表格某列的顶端，当指针变成 时单击，即可选定该列。

选定整个表格：将鼠标指针定位在表格中，当表格左上角出现 图标时，单击该图标即可选定整个表格。

（2）调整表格行高与列宽

将鼠标指针定位在欲改变行高（列宽）的行（列）的边框处，当鼠标指针变成 或 时，拖动鼠标即可改变行高（列宽）。

在 Word 2016 中，还可以单击"表格工具-布局"→"表"组中的"属性"按钮，弹出"表格属性"对话框，如图 3-19 所示，在其中的"行"或"列"选项卡中改变行高或列宽。

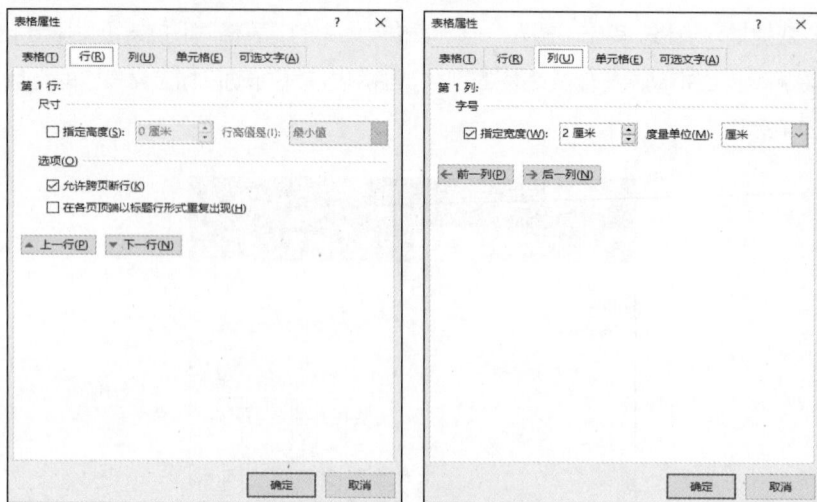

图 3-19 "表格属性"对话框

（3）在表格中插入行

将插入点定位在表格的最后一个单元格中，按 Tab 键，即可在表格的底部插入一个新行。

在表格中间的某个位置插入一个新行时，可将插入点定位在要插入新行的上一行（或下一行）的任意一个单元格中，单击"表格工具-布局"→"行和列"组中的"在上方插入"或"在下方插入"按钮，即可插入一行。

（4）删除表格中的一行

将插入点定位在表格中要删除的行上，单击"表格工具-布局"→"行和列"组中的"删除"按钮，在弹出的下拉列表中选择"删除行"选项，即可删除所选择的行。

同样，单击"表格工具-布局"→"行和列"组中的"删除"下拉按钮，在弹出的下拉列表中选择"删除列"选项，可以删除所选择的列。

3. 表格和边框工具的使用

当光标定位在表格中后，将弹出图 3-20 所示的"表格工具"菜单，其中包括"设计"与"布局"子菜单。

图 3-20 "表格工具"菜单

（1）"绘制表格"按钮：单击该按钮，使其呈按下状态，鼠标指针变成笔形，拖动鼠标可以在单元格中绘制横线、竖线或斜线，也可以绘制表格的外边框。

（2）"橡皮擦"按钮：单击该按钮之后，鼠标指针将变成橡皮擦的形状。将鼠标指针移动到要删除线段的一个端点，拖动鼠标以选定该线段，释放鼠标左键后，选定的线段即被删除。

（3）"线型"下拉按钮：单击该下拉按钮，可以从其下拉列表中选择线型，再绘制表格时，框线就是刚刚所选的线型。

（4）"线条粗细"下拉按钮：单击该下拉按钮，可以从其下拉列表中选择线条粗细，再绘制表格时，线条就是刚刚所选粗细的线条。

（5）"笔颜色"按钮：单击该按钮，可以从其下拉列表中选择边框的颜色。

（6）"底纹"按钮：先选定要添加底纹的单元格，再单击该按钮，从其下拉列表中选择底纹后，所选定的单元格就具有了所选的底纹。

（7）"合并单元格"按钮：先选定要合并的单元格，再单击该按钮，所选定的多个单元格就合并为一个单元格。

（8）"拆分单元格"按钮：先选定要拆分的单元格，再单击该按钮，弹出"拆分单元格"对话框，输入所要拆分的列数、行数后，单击"确定"按钮，即可完成拆分单元格操作。

4．表格处理

在表格中输入数据，表格内容如表 3-2 所示。

表 3-2　表格内容

姓名 ＼ 成绩	成绩 1	成绩 2	总分
张博	87	89	
陈淑	89	92	

（1）排序

将光标定位在表格的任意单元格中，单击"表格工具-布局"→"数据"组中的"排序"按钮，弹出"排序"对话框，如图 3-21 所示。

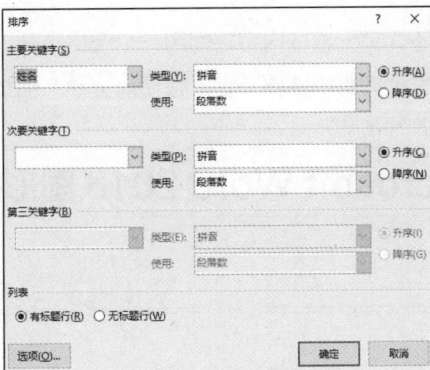

图 3-21　"排序"对话框

在"主要关键字"下拉列表中选择排序依据的列，在"类型"下拉列表中选择按"数字""日期""笔画"或者"拼音"排序，并指明"升序"或"降序"。

在"列表"选项组中选择有无标题行，若选中"有标题行"单选按钮，则表示表格的第一行为标题行，此行不参加排序；如果表格无标题行，则选中"无标题行"单选按钮，表示表格的第一行参加排序。设置完毕后，单击"确定"按钮。

（2）利用公式求值

单击要放置结果的单元格，再单击"表格工具-布局"→"数据"组中的"公式"按钮，弹出"公式"对话框，如图 3-22 所示。

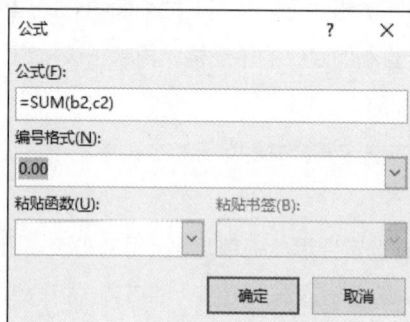

图 3-22 "公式"对话框

在"公式"文本框中输入"="，单击"粘贴函数"下拉按钮，从其下拉列表中选择一个函数，该函数就会出现在"公式"文本框中。如果函数使用不当，则会出现"!语法错误"提示信息。

如果函数需要参数，则应根据格式规定输入相应参数。

单击"编号格式"下拉按钮，从其下拉列表中选择所需的数字格式。

单击"确定"按钮，即可计算出函数的值。

5. 文本与表格的转换

Word 2016 提供了文本和表格之间相互转换的功能。

选择表格，单击"表格工具-布局"→"数据"组中的"转换为文本"按钮，可将所选表格转换为文本。

选择文本（注意：同一行不同单元格的内容之间用一个空格隔开），单击"插入"→"表格"组中的"表格"下拉按钮，从其下拉列表中选择"文本转换成表格"选项，可将所选文本转换为表格。

实践任务 4　Microsoft Word 2016 图形操作

【实验目的】

（1）熟练掌握 Word 2016 图片的基本编辑方法。

（2）掌握 Word 2016 艺术字的编辑方法。

（3）掌握 Word 2016 文本框的基本使用方法。

【实验内容】

1. 图片的使用

打开文档"实践 2.docx"，在文档第一段前插入图片"人工智能.jpg"，将图片缩小至 50%、旋转 45°，版式设置为"四周型"。

（1）在 Word 2016 中打开指定文档，并将光标定位在第一段第一个字前。

（2）单击"插入"→"插图"组中的"图片"按钮，弹出"插入图片"对话框，如图 3-23 所示。

图 3-23 "插入图片"对话框

（3）进入图片文件所在的文件夹，选择所需的"人工智能.jpg"文件，单击"插入"按钮。

（4）单击插入的图片，单击"图片工具-格式"→"大小"组右下角的对话框启动器，弹出"布局"对话框，如图 3-24 所示。在"大小"选项卡中，选中"相对原始图片大小"复选框，将"高度"与"宽度"缩放至"50%"、旋转"45°"。

（5）在"文字环绕"选项卡中，设置版式为"四周型"，单击"确定"按钮。

（6）保存文件。

2. 艺术字的使用

在文档"实践 2.docx"第二段前插入艺术字"中英文录入"，字号为 28、字体为隶书，艺术字弯曲为倒三角，版式设置为"四周型"，并适当调整艺术字的大小和位置。

图 3-24 "布局"对话框

（1）单击"插入"→"文本"组中的"艺术字"下拉按钮，弹出"艺术字"下拉列表，如图 3-25 所示。

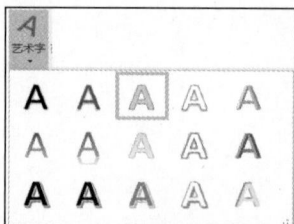

图 3-25 "艺术字"下拉列表

（2）选择第 1 行第 3 列的艺术字样式，在文本框中输入"中英文录入"；选中文字内容，在"开始"→"字体"组中设置"字体"为"隶书"、"字号"为"28"。

（3）单击"绘图工具-格式"→"艺术字样式"组中的"文本效果"下拉按钮，在弹出的下拉列表中选择"转换"选项，在"弯曲"类中选择"倒三角"选项。

（4）单击"绘图工具-格式"→"排列"组中的"环绕文字"下拉按钮，在弹出的下拉列表中选择"四周型"选项。

（5）调整艺术字的大小和位置。

3．文本框的使用

在第三段的中文前添加横排文本框，在文本框中输入"中文部分"，文本框内填充透明度为 50% 的浅绿色，边框采用深红色、0.75 磅的实线。

（1）单击"插入"→"文本"组中的"文本框"下拉按钮，在弹出的下拉列表中选择"绘制横排文本框"选项，鼠标指针变成"十"字形，将鼠标指针定位在要创建文本框的位置，向斜对角拖动，当大小适合时，释放鼠标左键，即可创建一个空白文本框，在文本框中输入"中文部分"。

（2）选中文字，在"开始"→"字体"组中设置文字为黑体、小三、居中。

（3）单击文本框，单击"绘图工具–格式"→"形状样式"组右下角的对话框启动器（或右击文本框，在弹出的快捷菜单中选择"设置形状格式"命令），弹出"设置形状格式"窗格，如图 3-26 所示；根据要求设置"填充"为 50%透明度的浅绿色，设置线条为深红色、0.75磅的实线。

（4）单击"关闭"按钮。

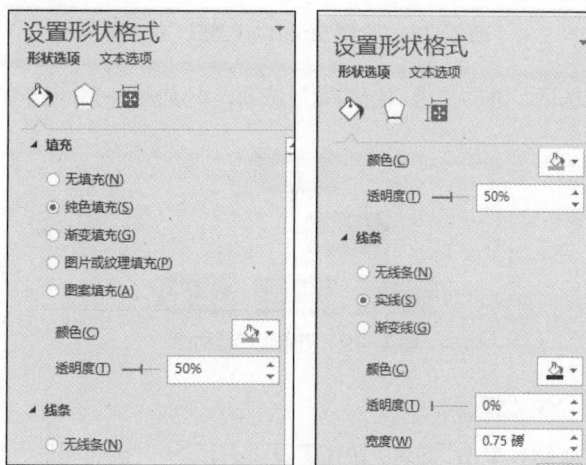

图 3-26 "设置形状格式"窗格

选中文本，单击"插入"→"文本"组中的"文本框"下拉按钮，在弹出的下拉列表中选择"绘制竖排文本框"选项，即可在所选的文本周围添加一个竖排文本框。

4．组织结构图的使用

在文档"实践 2.docx"中添加图 3-27 所示的组织结构图。

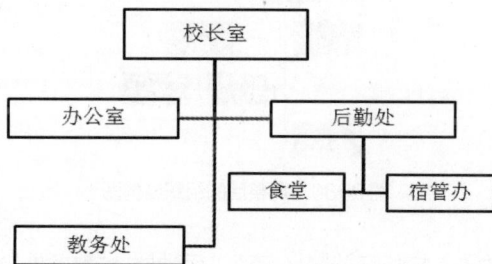

图 3-27 组织结构图

（1）单击"插入"→"插图"组中的"SmartArt"按钮，弹出"选择 SmartArt 图形"对话框，如图 3-28 所示。

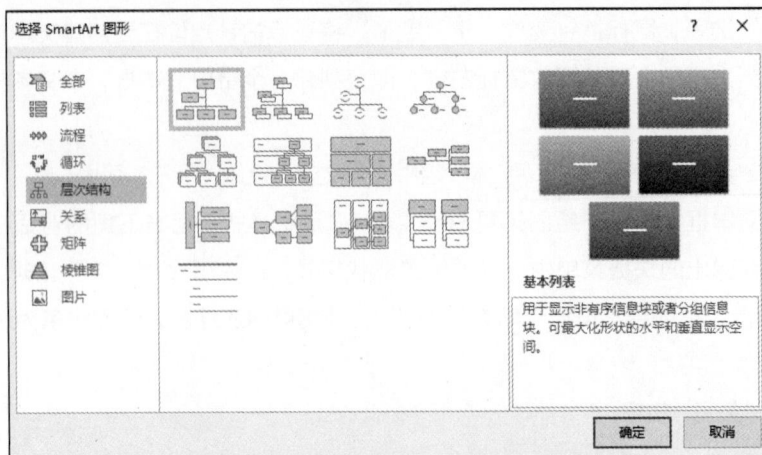

图 3-28　"选择 SmartArt 图形"对话框

选择"层次结构"选项，选择"组织结构图"选项，出现图 3-29 所示的初始组织结构图。

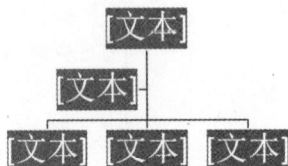

图 3-29　初始组织结构图

（2）删除底层的 3 个文本框。

（3）选择顶层的文本框，单击"SmartArt 工具-设计"→"创建图形"组中的"添加形状"下拉按钮，在弹出的下拉列表中选择"添加助理"选项；重复此操作一次。

（4）选择第二层右侧的文本框，单击"SmartArt 工具-设计"→"创建图形"组中的"添加形状"下拉按钮，在弹出的下拉列表中选择"添加助理"选项；重复此操作一次。此时，得到图 3-30 所示的组织结构图。

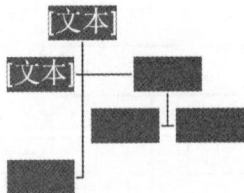

图 3-30　调整后的组织结构图

（5）依次在文本框中输入"校长室""办公室""后勤处""教务处""食堂""宿管办"。

（6）依次选择每个文本框并右击，在弹出的快捷菜单中选择"字体"命令，弹出"字体"对话框，如图 3-31 所示，设置"中文字体"为"宋体"、"大小"为"18"。单击"开始"→"段落"组中的"居中"按钮。

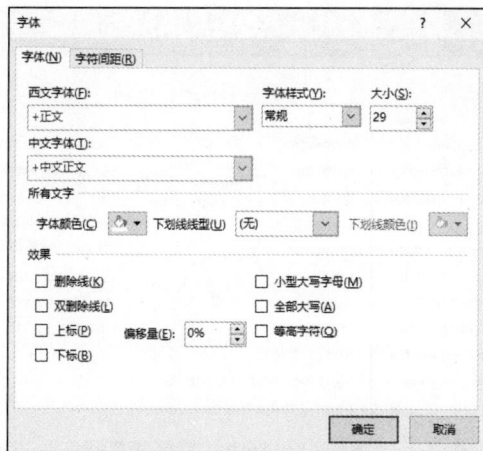

图 3-31 "字体"对话框

（7）依次选择每个文本框并右击，在弹出的快捷菜单中选择"设置形状格式"命令，弹出"设置形状格式"窗格，如图 3-32 所示，设置"填充"为"无填充"、"线条"为"实线"、"颜色"为黑色。

（8）单击"关闭"按钮。

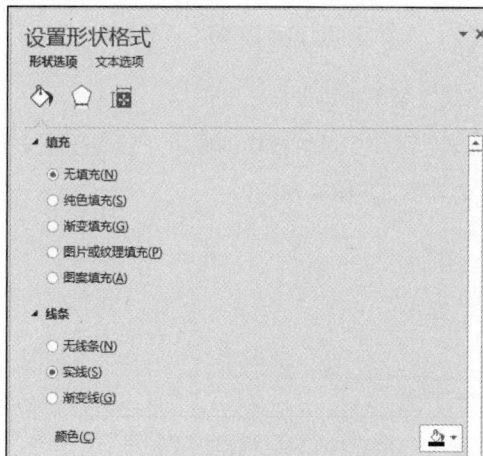

图 3-32 "设置形状格式"窗格

【综合实践】

（1）将鼠标指针定位在图片的内部，此时鼠标指针自动变成箭头形状✛，按住鼠标左键在文档中移动，即可将图片移动到所需的位置。

（2）单击图片，在该图片的周围会出现 8 个句柄。拖动不同的句柄即可改变图片的宽度、高度和图片的缩放比例。

（3）单击图片，单击"图片工具-格式"→"排列"组中的"环绕文字"下拉按钮，弹出"环绕文字"下拉列表，如图 3-33 所示，选择各选项，尝试进行各种操作。

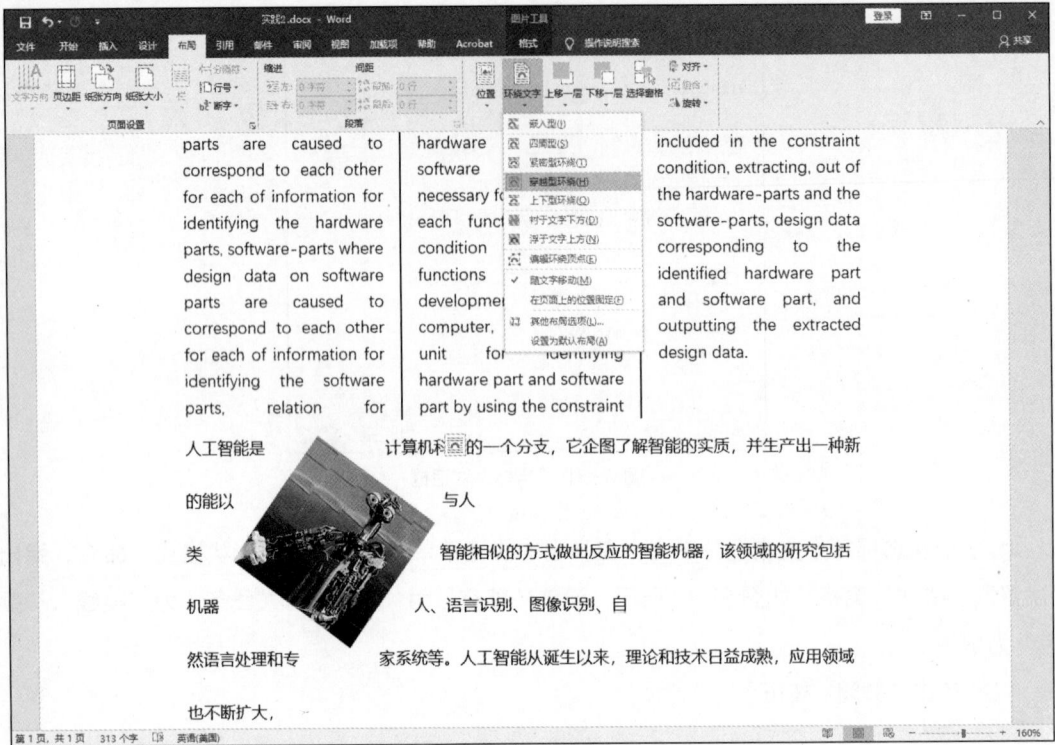

图 3-33 "环绕文字"下拉列表

（4）尝试"图片工具–格式"菜单中其他按钮的使用。

（5）根据"绘图工具–格式"菜单中各种按钮的提示，测试各种按钮的效果。

（6）给文档的最后一段文字添加竖排文本框。

学习单元4
Microsoft Excel 2016的应用操作

【实验目的】

（1）熟悉 Excel 2016 启动和退出的基本操作方法。

（2）熟悉新建、保存、打开 Excel 2016 工作簿的方法。

（3）掌握数据的输入、填充和编辑。

（4）掌握工作表格式的设置。

【实验内容】

1. 启动 Excel 2016

方法一：单击"开始"→"Microsoft Excel 2016"按钮。

方法二：双击桌面上 Excel 2016 的快捷方式。

方法三：双击已经创建的 Excel 2016 工作簿文件图标。

方法四：在"运行"对话框中输入"excel"。

2. 创建空白工作簿

创建空白工作簿一般有以下两种方法。

方法一：单击"文件"→"新建"按钮。

方法二：单击快速访问工具栏中的"新建"按钮。

3. 数据输入

在"Sheet1"工作表中输入图 4-1 所示的数据。

（1）选中 A1 单元格，输入"成绩登记表"；依次输入第二行、第三行的文字。

（2）选中 B3 单元格，将鼠标指针定位在其右下角，当鼠标指针变为"＋"形状时，向下拖动鼠标，为 B 列相应单元格填充相同数据"信息系"。

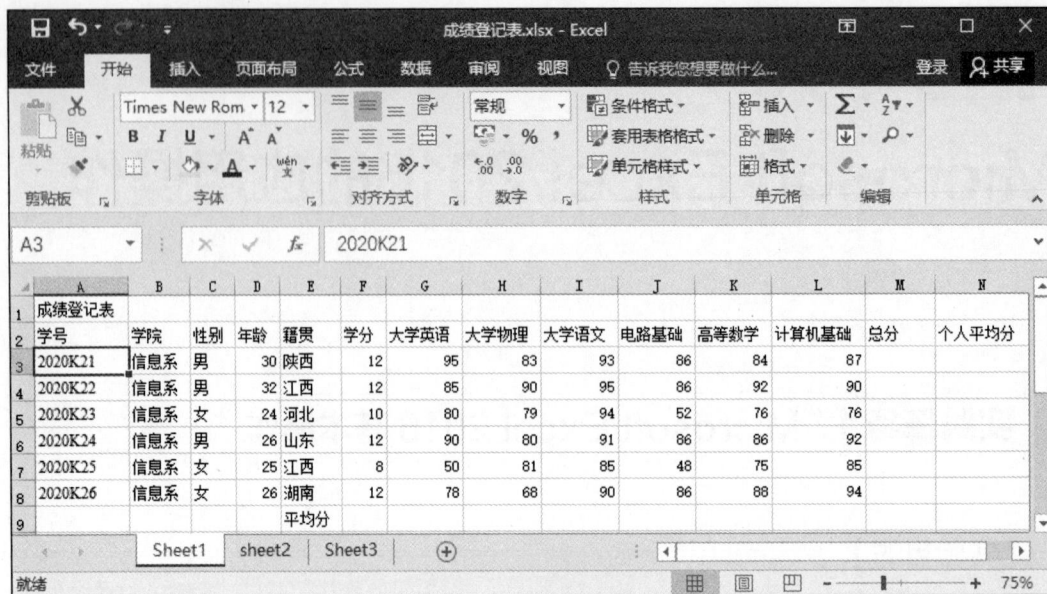

图 4-1　需要输入的数据

（3）选中 A3 单元格，将鼠标指针定位在其右下角，当鼠标指针变为"＋"形状时，向下拖动鼠标，为 A 列相应单元格填充相应学号。

也可使用工具栏中的按钮完成等比序列、等差序列的填充。例如，选中填充内容所在的区域或单元格，单击"开始"→"编辑"组中的"填充"下拉按钮，在弹出的下拉列表中选择"序列"选项，并在弹出的"序列"对话框中设置相应参数，单击"确定"按钮即可，如图 4-2 所示。

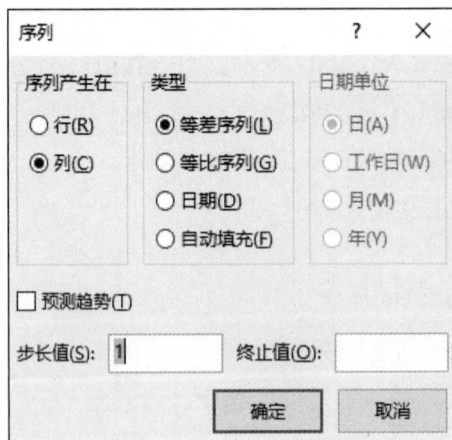

图 4-2　"序列"对话框

（4）完成其他数据的输入。

4．合并单元格

选中 A1:N1 单元格区域，单击"开始"→"对齐方式"组中的"合并后居中"按钮，"成绩登记表"就会占据第一行中的 14 个单元格。

合并 A9:E9 单元格区域，右击要合并的单元格，在弹出的快捷菜单中选择"设置单元格格式"命令，弹出"设置单元格格式"对话框，如图 4-3 所示，选中"对齐"选项卡中的"合并单元格"复选框，单击"确定"按钮。

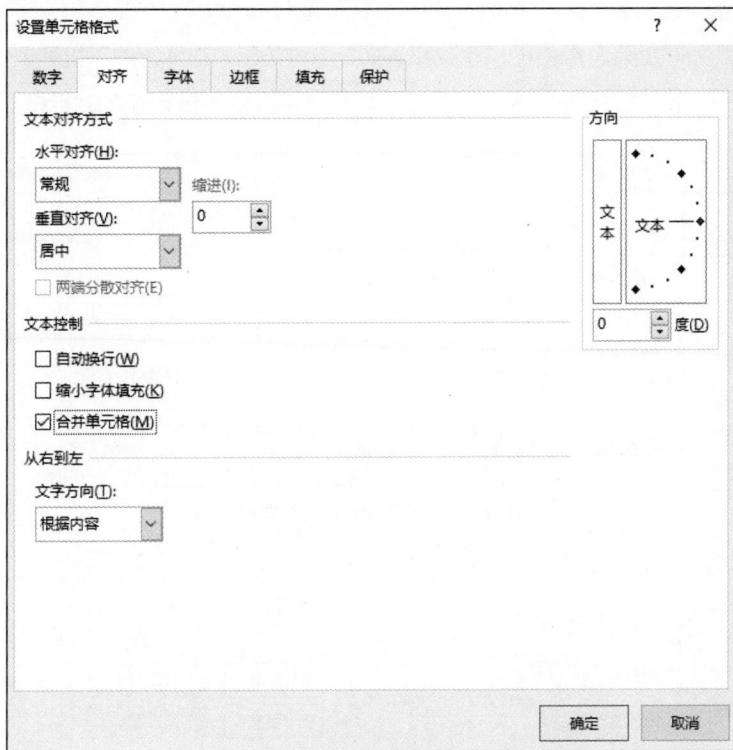

图 4-3　"设置单元格格式"对话框

5. 文字修饰

选中 A1 单元格，在"开始"→"字体"组中设置"字体"为"隶书"、"字号"为"18"。

Excel 2016 工作表中的文字修饰操作与 Word 2016 中的相关操作相似。

6. 保存工作簿

单击"文件"→"保存"按钮，或单击快速访问工具栏中的"保存"按钮，进入"另存为"界面，单击"浏览"按钮，将文件保存位置设置为 D 盘根目录，文件名称为"成绩登记表"，保存类型默认为"Excel 工作簿（*.xlsx）"。

7. 插入行或列

在工作表中插入标题为"体育"的列，再增加一名学生的成绩信息。

单击行号 9，选中第 9 行。单击"开始"→"单元格"组中的"插入"下拉按钮，在弹出的下拉列表中选择"插入工作表行"选项，即可在当前行的前面插入新的一行。

单击列号 M，选中 M 列。单击"开始"→"单元格"组中的"插入"下拉按钮，在弹出的下拉列表中选择"插入工作表列"选项，即可在当前列的前面插入新的一列。

以上操作也可在选中行（列）后右击，在弹出的快捷菜单中选择"插入"命令来完成。

在新增加的行、列中输入新的数据（具体内容自己设定）。

8. 文字替换

将工作表中的"男"替换成"man"、"女"替换成"woman"。

单击"开始"→"编辑"组中的"查找和选择"下拉按钮，在弹出的下拉列表中选择"替换"选项，弹出图 4-4 所示的对话框，单击"选项"按钮，弹出图 4-5 所示的对话框。

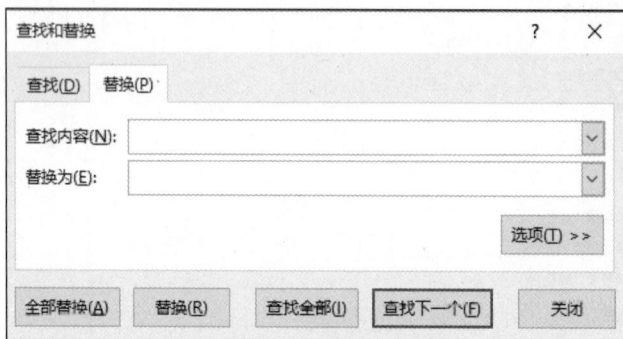

图 4-4 "查找和替换"对话框 1

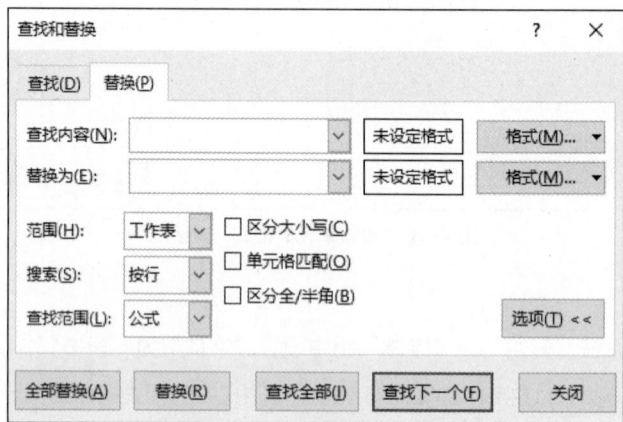

图 4-5 "查找和替换"对话框 2

在"查找内容"文本框中输入"男"，在"替换为"文本框中输入"man"，单击"全部替换"按钮，将立刻进行全部替换；将"女"替换成"woman"的操作与之相同。

9. 为工作表设置边框

选择 A2:O10 单元格区域，单击"开始"→"单元格"组中的"格式"下拉按钮，在弹出的下拉列表中选择"设置单元格格式"选项，弹出"设置单元格格式"对话框，在"边框"选项卡中进行边框设置，如图 4-6 所示。

其中，"外边框"按钮负责设置表格外边框，而"内部"按钮负责设置表格内的连线，在"线条"选项组的"样式"列表框及"颜色"下拉列表中可选择表格线的线型和颜色（注意：必须先选择线条的样式或颜色，再选择边框线的位置）。经过以上操作，表格的基本格式设置完成，其效果如图 4-7 所示。

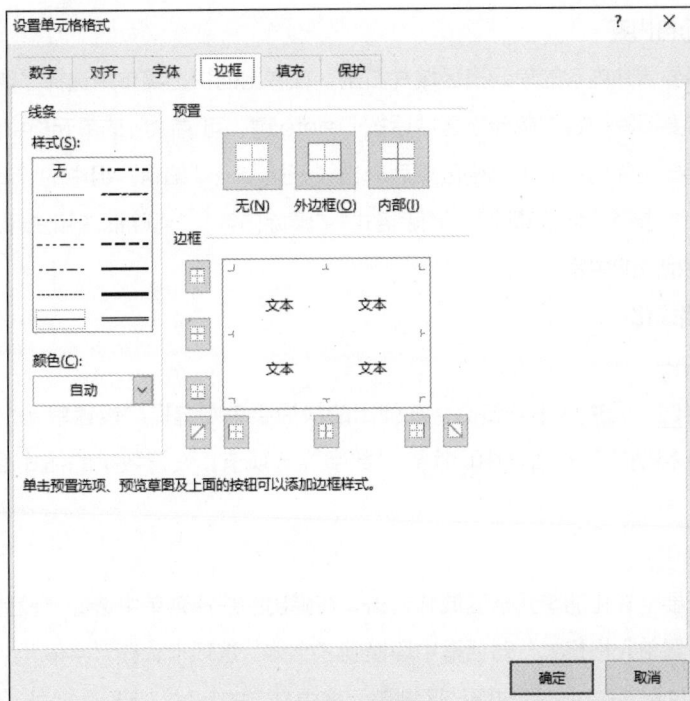

图 4-6 边框设置

	学号	学院	性别	年龄	籍贯	学分	大学英语	大学物理	大学语文
2									
3	2020K21	信息系	男	30	陕西	12	95	83	93
4	2020K22	信息系	男	32	江西	12	85	90	95
5	2020K23	信息系	女	24	河北	10	80	79	94
6	2020K24	信息系	男	26	山东	12	90	80	91
7	2020K25	信息系	女	25	江西	8	50	81	85

图 4-7 表格效果

10. 调整行高、列宽

方法一：将鼠标指针定位在要改变行高（或列宽）的行号下边（或列号右边），当鼠标指针变为十字箭头形状时，沿垂直（或水平）方向拖动鼠标到合适位置，即可调整行高（或列宽）。

方法二：选中相应的行或列，单击"开始"→"单元格"组中的"格式"下拉按钮，在弹出的下拉列表中选择"行高"或"列宽"选项，在弹出的行高（或列宽）设置对话框中设置行高（或列宽）。

方法三：选中相应的行或列，单击"开始"→"单元格"组中的"格式"下拉按钮，在弹出的下拉列表中选择"自动调整行高"或"自动调整列宽"选项，表格即可根据实际内容调整行高（或列宽）。

方法四：移动鼠标指针到行号右侧（或列号下方），当鼠标指针变为十字箭头形状时双击，表格即可自动根据实际内容调整行高（或列宽）。

131

11. 删除单元格内容

方法一：选择要清除内容的单元格区域并右击，在弹出的快捷菜单中选择"清除内容"命令。

方法二：选择要清除内容的单元格区域后按 Delete 键，可清除所选单元格中的数据或公式。

方法三：选择要清除内容的单元格区域后单击"开始"→"编辑"组中的"清除"下拉按钮，在弹出的下拉列表中选择"全部清除""清除格式""清除内容""清除批注和注释""清除超链接"等选项，即可清除相应的内容。

12. 单元格格式化

（1）数字格式化

选择要格式化的单元格区域并右击，在弹出的快捷菜单中选择"设置单元格格式"命令，在弹出的"设置单元格格式"对话框中切换到"数字"选项卡，设置数字的格式后，单击"确定"按钮。

（2）字体格式化

方法一：选择要格式化的单元格区域并右击，在弹出的快捷菜单中选择"设置单元格格式"命令，在弹出的"设置单元格格式"对话框中切换到"字体"选项卡，在"字体""字形""字号"列表框和"颜色"下拉列表中可分别对所选区域单元格中文字的字体、字形、字号、颜色等进行设置；在"下画线"下拉列表中选择所选区域单元格中文字的下画线；在"特殊效果"选项组中，可对所选区域单元格中的文字添加删除线，或使数据以上、下标形式显示。

方法二：单击"开始"→"字体"组中的按钮，也可进行单元格中文字格式的常规设置。

（3）对齐格式化

选择要格式化的单元格区域并右击，在弹出的快捷菜单中选择"设置单元格格式"命令，在弹出的"设置单元格格式"对话框中切换到"对齐"选项卡，在"文本对齐方式"选项组中，分别设置水平对齐参数和垂直对齐参数，以调整单元格中文本和数据的位置；在"方向"选项组中，可设置文本和数据的旋转角度；在"文本控制"选项组中，可选中"自动换行"复选框（单元格中内容较长时自动换行）或者"合并单元格"复选框（将所选区域中的单元格合并）或者"缩小字体填充"复选框（当单元格字符总宽度超出单元格宽度时，自动将字体缩小，使所有文字都能显示出来）。

（4）边框格式化

选择要加边框的单元格区域，在"设置单元格格式"对话框中切换到"边框"选项卡，即可在选项卡中进行边框设置。"外边框"按钮负责设置表格外边框，"内部"按钮负责设置表格内的连线，"斜线"按钮负责设置表格内的斜线；在"样式"列表框中可选择各种线型；在"颜色"下拉列表中可选择边框的颜色。

（5）填充格式化

选择要填充的单元格区域，在"设置单元格格式"对话框中切换到"填充"选项卡，在"背景色"选项组中可选择单元格区域的底色；在"图案样式""图案颜色"下拉列表中可选择单元格区域的底纹；单击"填充效果"按钮，可设置渐变色作为单元格底色。

（6）保护格式化

选择要保护格式化的单元格区域，在"设置单元格格式"对话框中切换到"保护"选项卡，选中"锁定"复选框，可将该单元格区域锁定，被锁定的区域不能被修改；选中"隐藏"复选框，可将该单元格区域隐藏起来，但是其内容仍然存在。

注意：要使此项有效，必须保护工作表（单击"审阅"→"更改"组中的"保护工作表"按钮）后锁定单元格或隐藏单元格。

【综合实践】

（1）利用"设置单元格格式"对话框，设置"成绩登记表"的底色并进行字体修饰。

（2）删除"成绩登记表"中的"体育"列，计算每位学生的平均分，并填写在 N 列"个人平均分"中。

（3）在"成绩登记表"中增加"序号"列，并自动填充序号。

（4）将文件另存为"信息系学生成绩"。

实践任务 2　Microsoft Excel 2016 工作表操作（一）

【实验目的】

（1）掌握工作表的选择、添加、重命名和删除。

（2）掌握工作表的复制与移动。

（3）了解窗口的拆分与冻结。

（4）掌握公式的运用。

（5）了解工作表的打印设置。

【实验内容】

1. 打开工作表

打开"成绩登记表"文件，逐个单击"Sheet1""Sheet2""Sheet3"工作表标签，观察各个工作表。

2. 添加工作表

要求：在"成绩登记表"工作簿文件中添加新的工作表"Sheet4"。

方法一：在工作表标签栏中单击"Sheet3"工作表标签，单击标签栏中的 ⊕ 按钮，即可插入名称为"Sheet4"的工作表。

方法二：在工作表标签栏中右击"Sheet3"工作表标签，在弹出的快捷菜单中选择"插入"命令。

方法三：在工作表标签栏中单击"Sheet3"工作表标签，单击"开始"→"单元格"组中的"插入"下拉按钮，在弹出的下拉列表中选择"插入工作表"选项。

3. 复制工作表

要求：复制"Sheet2"工作表，将其放在"Sheet1"工作表前面。

方法一：右击"Sheet2"工作表标签，在弹出的快捷菜单中选择"移动或复制"命令，弹出"移动或复制工作表"对话框，如图4-8所示，在"下列选定工作表之前"列表框中选择"Sheet1"选项，选中"建立副本"复选框，单击"确定"按钮，即可在工作表"Sheet1"前增加"Sheet2（2）"工作表。

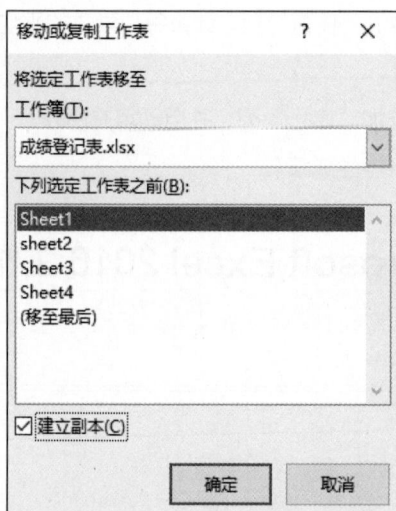

图4-8 "移动或复制工作表"对话框

方法二：单击"Sheet2"工作表标签，按住Ctrl键的同时拖动"Sheet2"工作表标签至"Sheet1"工作表标签之前。

4. 移动工作表

要求：移动"Sheet2（2）"工作表至"Sheet3"和"Sheet4"工作表之间。

方法一：右击"Sheet2（2）"工作表标签，在弹出的快捷菜单中选择"移动或复制"命令，弹出图4-8所示的对话框，在"下列选定工作表之前"列表框中选择"Sheet4"选项，此处无须选中"建立副本"复选框，单击"确定"按钮，即可将工作表"Sheet2（2）"移动到工作表"Sheet3"和"Sheet4"之间。

方法二：直接拖动"Sheet2（2）"工作表标签至"Sheet3"和"Sheet4"工作表标签之间即可。

5. 重命名工作表

要求：将工作表"Sheet2（2）"重命名为"空白工作表"。

方法一：双击"Sheet2（2）"工作表标签，使标签名"Sheet2（2）"反显，直接输入"空白工作表"即可。

方法二：右击"Sheet2（2）"工作表标签，在弹出的快捷菜单中选择"重命名"命令，如图 4-9 所示，使标签名"Sheet2（2）"反显，直接输入"空白工作表"即可。

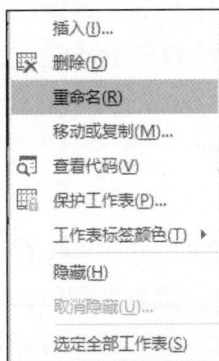

图 4-9　选择"重命名"命令

6．删除工作表

要求：删除工作表"Sheet4"。

方法一：右击"Sheet4"工作表标签，在弹出的快捷菜单中选择"删除"命令。

方法二：单击"Sheet4"工作表标签，单击"开始"→"单元格"组中的"删除"下拉按钮，在弹出的下拉列表中选择"删除工作表"选项。

7．拆分窗口

打开"Sheet1"工作表，选择待拆分的行列交叉处右下方的第一个单元格，单击"视图"→"窗口"组中的"拆分"按钮，其效果如图 4-10 所示。尝试滚动拆分后的窗口。

F	G	H	I	J	K	L	M
成绩登记表							
学分	大学英语	大学物理	大学语文	电路基础	高等数学	计算机基础	总分
12	95	83	93	86	84	87	
12	85	90	95	86	92	90	
10	80	79	94	52	76	76	
12	90	80	91	86	86	92	
8	50	81	85	48	75	85	

图 4-10　拆分窗口后的效果

要取消拆分窗口，可再次单击"视图"→"窗口"组中的"拆分"按钮。

8．公式的使用

（1）计算总分

选择 G3:M3 单元格区域，单击"开始"→"编辑"组中的"求和"按钮 Σ，M3 单元格会自动计算总分。

选择 M3 单元格，将鼠标指针定位在单元格右下角，当鼠标指针变为"＋"形状时，向下拖动鼠标，使 M 列相应位置填充相应学生的总分。

（2）计算每门课程的平均分

选择 G3:G10 单元格区域，单击"开始"→"编辑"组中的"求和"下拉按钮，在弹出的下拉列表中选择"平均值"选项，即可在 G10 单元格中自动计算并填写平均分。

选择 G10 单元格，将鼠标指针定位在单元格右下角，当鼠标指针变为"＋"形状时，向右拖动鼠标，使相应位置填充相应课程的平均分。

（3）计算学生个人平均分

在 N3 单元格中计算学号为"2020K21"的学生的平均分。

选择 N3 单元格，单击"公式"→"函数库"组中的"其他函数"下拉按钮，在弹出的下拉列表中选择"统计"→"AVERAGE"选项，如图 4-11 所示，弹出"函数参数"对话框，如图 4-12 所示。

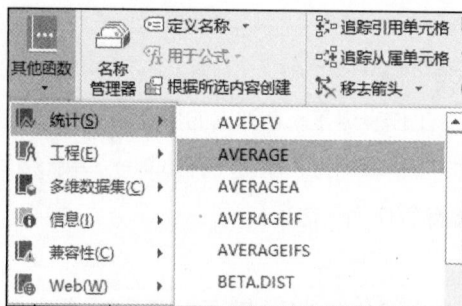

图 4-11 "其他函数"下拉列表

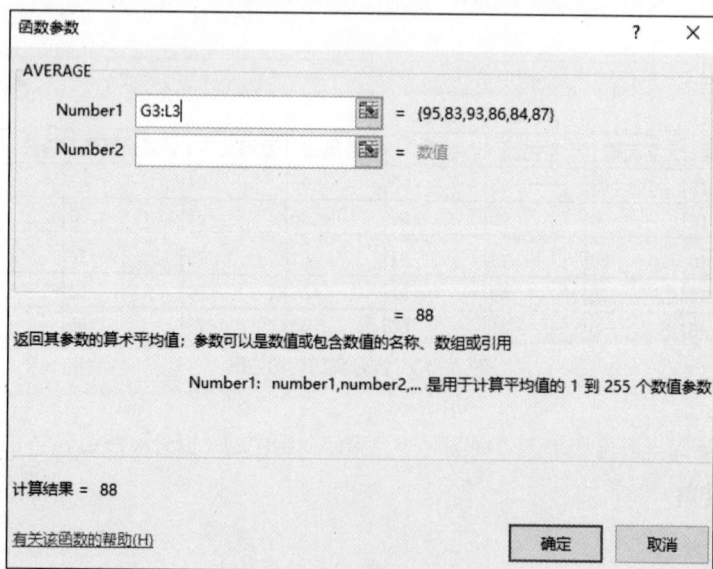

图 4-12 "函数参数"对话框 1

单击 按钮，在工作表中选择 G3:L3 单元格区域，此时，"函数参数"对话框如图 4-13 所示，单击 按钮。回到图 4-12 所示的对话框中，单击"确定"按钮，即可在 N3 单元格中自动计算出平均分。

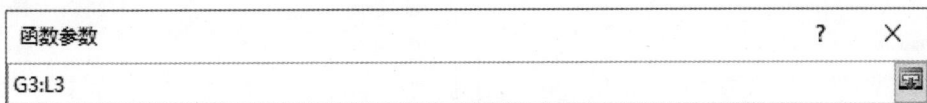

图 4-13 "函数参数"对话框 2

也可在 N3 单元格中输入"=（G3+H3+I3+J3+K3+L3）/6"计算出平均分。

9. 内容排序

要求：按总分降序排列。

打开"成绩登记表"文件，选择"Sheet1"工作表。

选择 A2:N9 单元格区域或选择第 2 行至第 9 行。

单击"数据"→"排序和筛选"组中的"排序"按钮，弹出"排序"对话框，如图 4-14 所示。

将"主要关键字"设置为"总分"，"次序"设置为"降序"，单击"确定"按钮，即按总分降序排列。

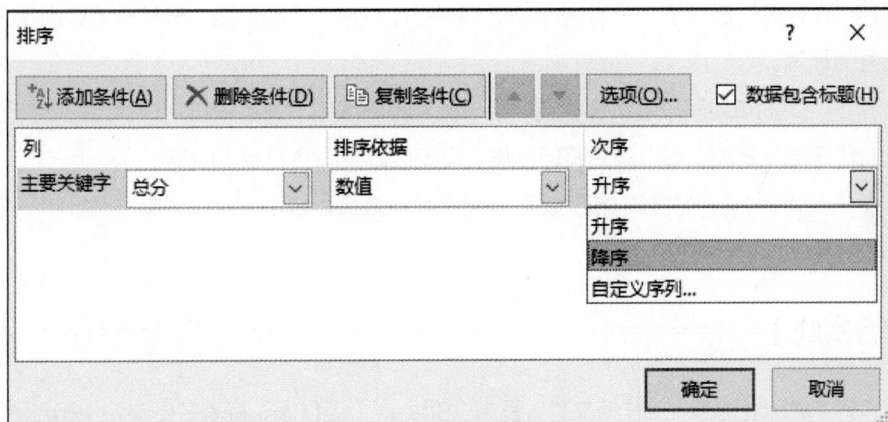

图 4-14 "排序"对话框

也可单击"开始"→"编辑"组中的"排序和筛选"下拉按钮，在弹出的下拉列表中选择"自定义排序"选项，根据提示进行操作。

10. 打印工作表

要求：打印"成绩登记表"。

（1）选择"成绩登记表"。

（2）单击"页面布局"→"页面设置"组右下角的对话框启动器，在弹出的"页面设置"对话框中根据需要设置纸张大小、打印顺序等，如图 4-15 所示。

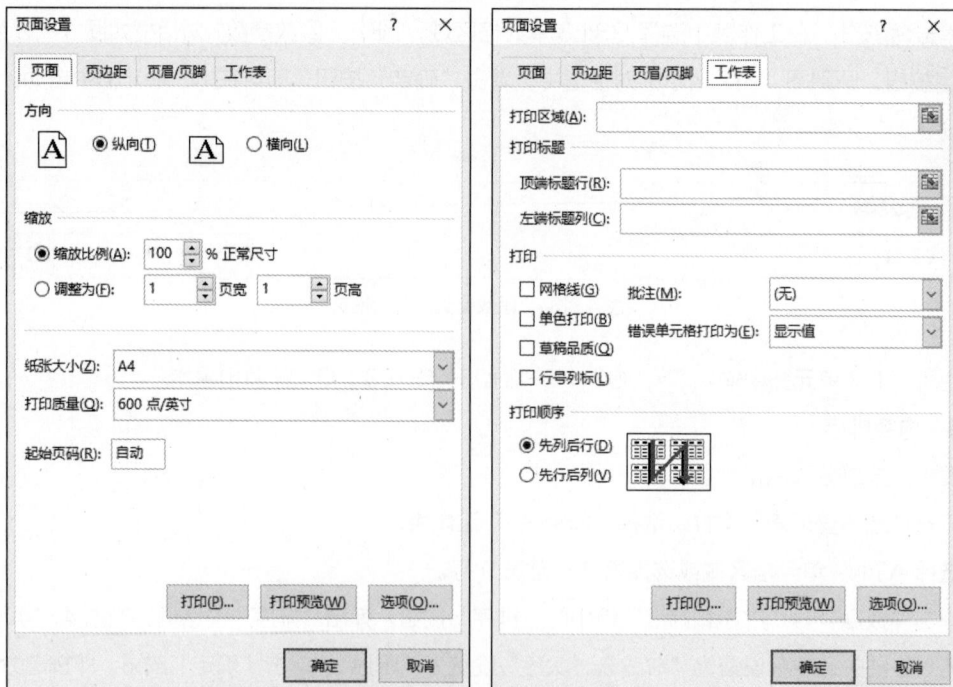

图 4-15 "页面设置"对话框

切换到"工作表"选项卡，单击 按钮，选择打印区域、打印标题，根据需要选择是否打印网格线、行号列标等。

（3）单击"页面布局"→"页面设置"组中的"打印区域"下拉按钮，在弹出的下拉列表中选择"设置打印区域"选项，可以设置打印区域，设定区域四周会显示虚线框。

（4）单击"文件"→"打印"按钮，可以显示打印效果，如果满意，则单击"打印"按钮即可通过打印机打印"成绩登记表"。

【综合实践】

（1）打开"成绩登记表"工作簿文件，复制"Sheet1"工作表，将表名更改为"2020 级成绩"。

（2）在"2020 级成绩"工作表的 O2 单元格中输入标题"出生日期"，在 O 列中输入每位学生的出生日期。

（3）在"2020 级成绩"工作表的 P2 单元格中输入标题"成绩评估"。

（4）利用 IF 函数，若个人平均分大于 85，则在 P 列显示"优秀"；否则，显示"待定"。

（5）将所有"优秀"设置为红色、黑体、16 号，所在单元格底色填充为黄色。

（6）单击"开始"→"编辑"组中的"排序和筛选"下拉按钮，在弹出的下拉列表中选择"筛选"选项，分别筛选出男学生的成绩、女学生的成绩，并将其分别复制到"Sheet2""Sheet3"工作表中。

（7）打印上述工作表。

实践任务 3　Microsoft Excel 2016 工作表操作（二）

【实验目的】

（1）掌握创建图表的基本方法。

（2）掌握图表的编辑和格式化方法。

【实验内容】

打开"成绩登记表"文件。

1. 生成图表

根据"Sheet1"工作表中的数据，在表中嵌入簇状柱形图。

在"Sheet1"工作表中选择"学号""大学英语""大学物理""大学语文""电路基础""高等数学""计算机基础"等列的数据（包括列标题），如图 4-16 所示。

成绩登记表													
学号	学院	性别	年龄	籍贯	学分	大学英语	大学物理	大学语文	电路基础	高等数学	计算机基础	总分	个人平均分
2020K22	信息系	男	32	江西	12	85	90	95	86	92	90	538	89.6666667
2020K21	信息系	男	30	陕西	12	95	83	93	86	84	87	528	88
2020K24	信息系	男	26	山东	12	90	80	91	86	86	92	525	87.5
2020K26	信息系	女	26	湖南	12	78	68	90	86	88	94	504	84
2020K27	信息系	女	26	海南	12	75	65	85	95	70	80	470	78.3333333
2020K23	信息系	女	24	河北	10	80	79	94	52	76	76	457	76.1666667
2020K25	信息系	女	25	江西	8	50	81	85	48	75	85	424	70.6666667
平均分						79	78	90.428571	77	81.571429	86.28571429		

图 4-16　选择数据

单击"插入"→"图表"组右下角的对话框启动器，弹出"插入图表"对话框，如图 4-17 所示。

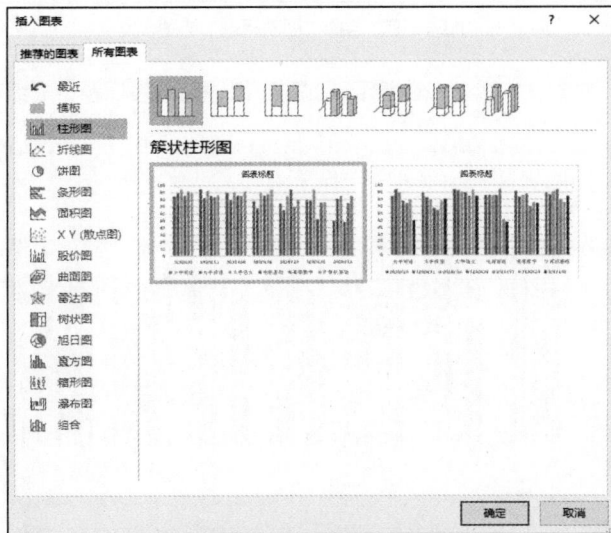

图 4-17　"插入图表"对话框

切换到"所有图表"选项卡，选择"柱形图"选项，选择"簇状柱形图"选项，单击"确定"
按钮，生成图 4-18 所示的簇状柱形图。

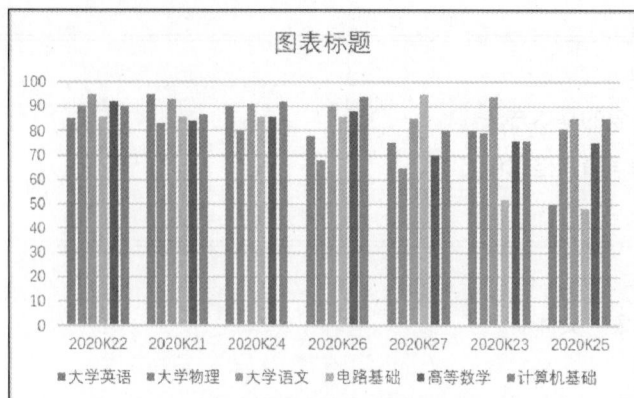

图 4-18　簇状柱形图

选择生成的图表，单击"图表工具-格式"→"当前所选内容"组中的"图表元素"下拉按钮，
在弹出的下拉列表中选择"图表标题"选项，如图 4-19 所示。

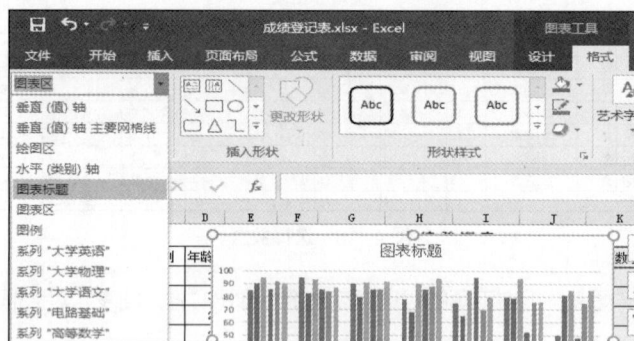

图 4-19　选择"图表标题"选项

选中"图表标题"文本，如图 4-20 所示，此时可以输入图表标题"成绩对比图"。

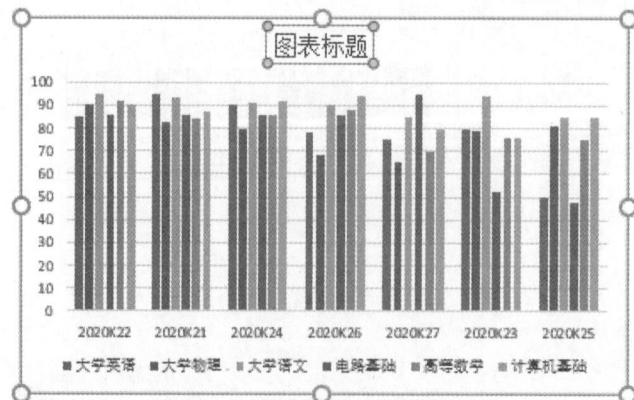

图 4-20　选中"图表标题"文本

选择生成的图表，单击"图表工具-设计"→"图表布局"组中的"添加图表元素"下拉按钮，在弹出的下拉列表中选择"轴标题"→"主要横坐标轴"选项，可以输入图表的横坐标轴标题，如图 4-21 所示。

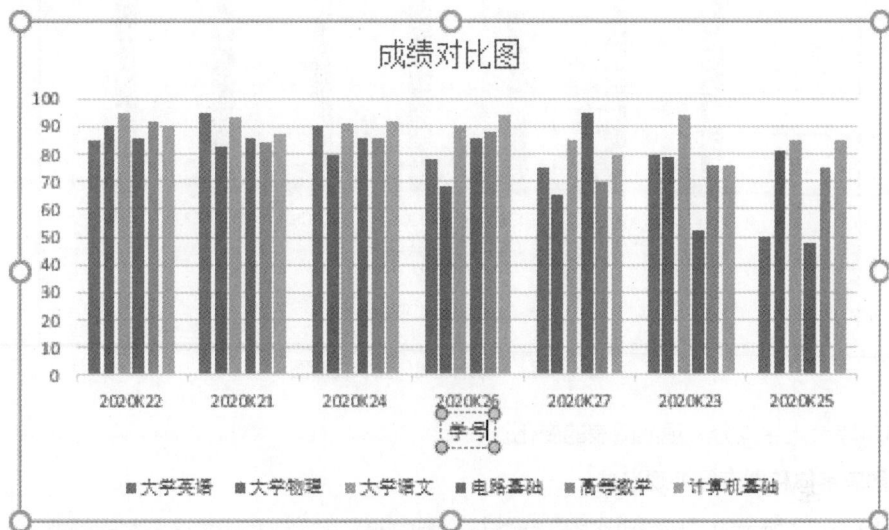

图 4-21　输入图表的横坐标轴标题

选择生成的图表，单击"图表工具-设计"→"图表布局"组中的"添加图表元素"下拉按钮，在弹出的下拉列表中选择"轴标题"→"主要纵坐标轴"选项，可以输入图表的纵坐标轴标题，如图 4-22 所示。

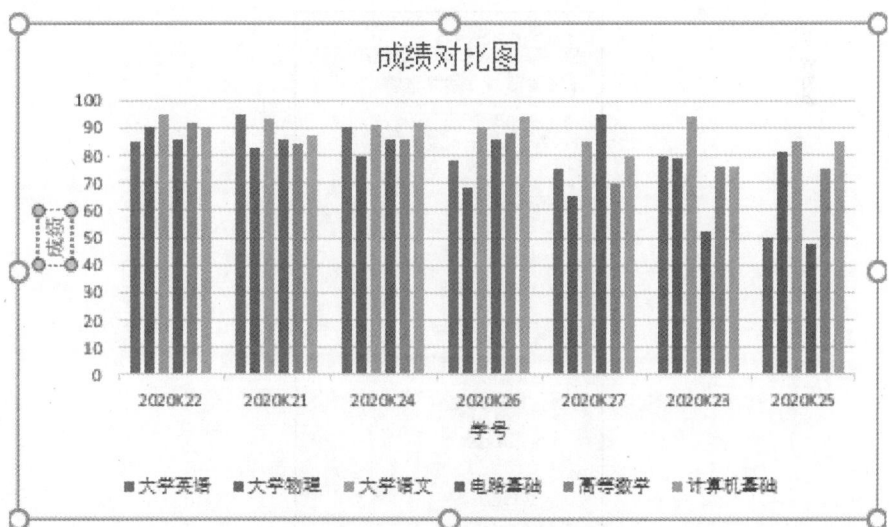

图 4-22　输入图表的纵坐标轴标题

2. 插入图表

在"Sheet1"工作表中插入图 4-23 所示的"统计成绩"簇状柱形图。

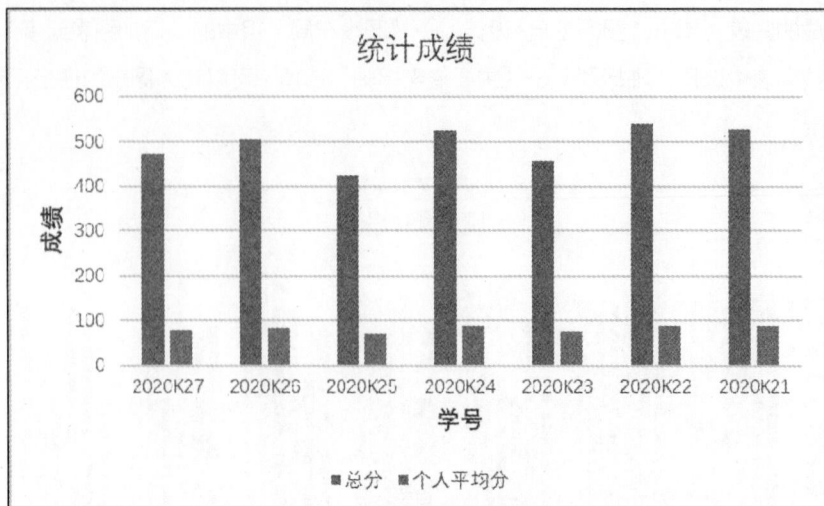

图4-23 "统计成绩"簇状柱形图

尝试删除个人平均分，观察图表的变化。

3. 图表字体和图表区外观设置

改变图4-22所示的"成绩对比图"簇状柱形图中的文字字体和图表区图案的颜色。

选中要编辑的文字，可以通过"开始"→"字体"组中的按钮，将图表标题设置为隶书、28号、加粗，坐标轴标题设置为宋体、12号、加粗。

右击图表区空白处，在弹出的快捷菜单中选择"设置图表区域格式"命令，弹出"设置图表区格式"窗格，如图4-24所示，可以根据需要对图表区域的填充、边框等进行设定。

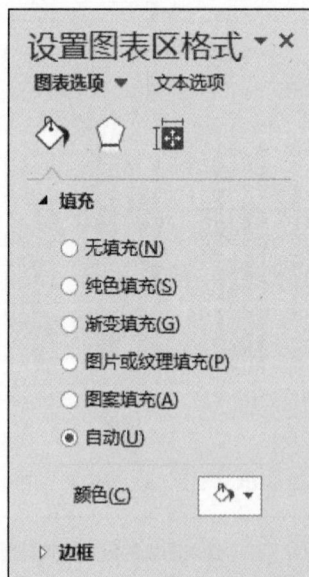

图4-24 "设置图表区格式"窗格

双击绘图区、网格线，分别弹出相应的设置对话框，可以进行相应的格式化编辑。

【综合实践】

（1）在"Sheet1"工作表中选择学号为"2020K27"的学生的"学号""大学英语""大学物理""大学语文""电路基础""高等数学""计算机基础"这 7 列数据（包括列标题），在表中嵌入折线图，并进行文字、图表区域的编辑。

（2）在"Sheet1"工作表中选择学号为"2020K21"的学生的"学号""大学英语""大学物理""大学语文""电路基础""高等数学""计算机基础"这 7 列数据（包括列标题），在表中嵌入饼图，并进行文字、图表区域的编辑。

学习单元5
Microsoft PowerPoint 2016 的应用操作

【实验目的】

（1）学会利用内容提示向导、模板和空演示文稿制作演示文稿。

（2）学会对幻灯片、色彩、文本、段落及图表等进行正确设置。

（3）学会正确放映演示文稿。

【实验内容】

1. 启动 PowerPoint 2016

启动 PowerPoint 2016，观察 PowerPoint 2016 窗口的组成。

2. 新建演示文稿

创建新演示文稿，并在幻灯片中输入文字、符号，运用幻灯片版式及主题修饰幻灯片。

3. 制作第 1 张幻灯片

插入图 5-1 所示的幻灯片，要求如下。

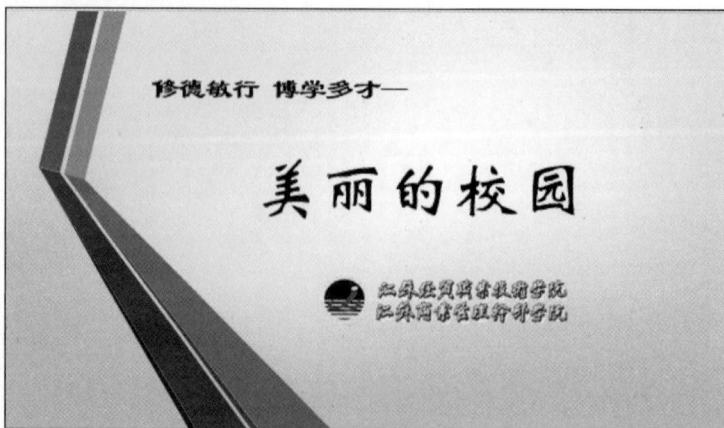

图 5-1　插入幻灯片 1

（1）幻灯片使用"标题幻灯片"版式、"视差"主题。

（2）在标题文本框中输入文字"修德敏行 博学多才"并插入图中符号，设置文字为隶书、36 号、黑色、加粗。

（3）在副标题文本框中输入文字"美丽的校园"，设置文字为华文新魏、88 号、黑色、加粗。

（4）插入相应 Logo。

4. 制作第 2 张幻灯片

插入新幻灯片，并在幻灯片中插入图片及艺术字，如图 5-2 所示，要求如下。

图 5-2　插入幻灯片 2

（1）新幻灯片使用"空白"版式。

（2）插入图片"school.jpg"，使其覆盖整个幻灯片。

（3）插入艺术字"校园一角"，设置文字为深红色、宋体。

5. 保存演示文稿

保存演示文稿并将其命名为"美丽校园"，观察其扩展名，关闭此演示文稿。

6. 制作第 3 张幻灯片

打开"美丽校园.pptx"演示文稿，插入一张幻灯片，进行下列操作。

（1）设置幻灯片背景。使用"空白"版式，将幻灯片背景更改为"水滴"纹理样式。

（2）插入组织结构图。插入艺术字"学校组织结构"，设置文字为宋体、66 号、加粗，插入的组织结构图如图 5-3 所示。

7. 制作第 4 张幻灯片

插入一张幻灯片，使用"空白"版式，背景选择"纯色填充"的蓝色，插入图 5-4 所示的表格。

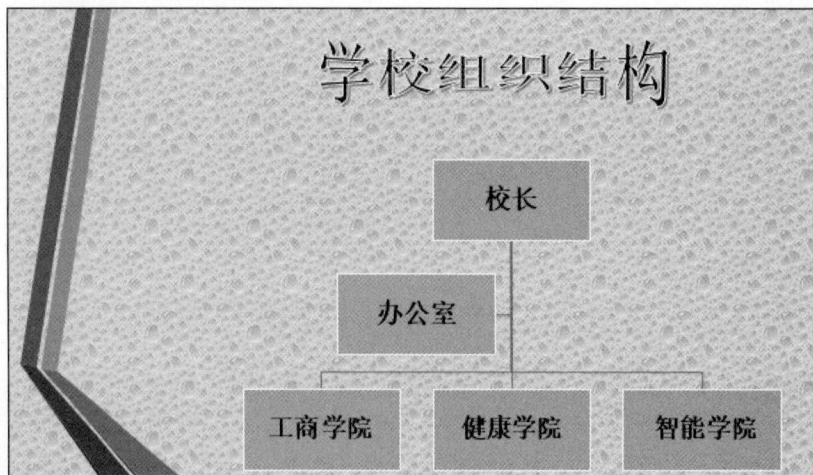

图 5-3　插入的组织结构图

图 5-4　插入表格

8. 制作第 5 张幻灯片

插入一张幻灯片，使用"空白"版式，如图 5-5 所示，进行下列操作。

（1）将图片"summer.jpg"设置为背景。

（2）在幻灯片中插入艺术字"学院人数对比图"，设置文字为方正舒体、72 号、加粗、白色。

（3）利用图 5-4 所示的表格中的数据制作图表，图表坐标轴刻度为红色、坐标轴为红色，使用三维簇状柱形图。

（4）浏览幻灯片。

9. 更换幻灯片次序

将第 2 张幻灯片与第 3 张幻灯片位置互换。

10. 制作第 6 张幻灯片

插入一张幻灯片，使用"标题幻灯片"版式，标题为"办公室简介"。

图 5-5　插入幻灯片 3

11. 制作第 7 幻灯片

插入一张幻灯片，使用"标题幻灯片"版式，标题为"系部简介"。

实践任务 2　Microsoft PowerPoint 2016 高级应用

【实验目的】

（1）掌握幻灯片动画的设置方法。

（2）掌握幻灯片音频及视频的插入方法。

（3）掌握幻灯片超链接的实现方法。

（4）掌握幻灯片的排练计时。

【实验内容】

打开本学习单元实践任务 1 中的"美丽校园.pptx"演示文稿后进行如下操作。

1. 设置幻灯片对象的动画和声音

第 2 张幻灯片：将艺术字的进入动画设置为"回旋"，且动画播放后不变暗。

第 3 张幻灯片：将标题"学校组织结构"的进入动画设置为"自顶部擦除"，并伴随声音"鼓声"；将组织结构图的进入动画设置为"水平百叶窗"。

第 4 张幻灯片：将表格的进入动画设置为"阶梯状"且向左下展开效果，并伴随"打字机"的声音；将标题文字"学院学生人数统计"的进入动画设置为"左侧飞入"。

第 5 张幻灯片：将标题"学院人数对比图"的进入动画设置为"棋盘"，并伴随"Reminder.wav"

的声音；将图表的进入动画设置为"向内溶解"，方式为"按系列中的元素"，并伴随"打字机"的声音。

2. 幻灯片预览

单击"视图"→"幻灯片浏览"按钮，可以预览幻灯片的播放效果。

3. 在幻灯片中插入声音

在第1张幻灯片中插入音乐"Reminder.mp3"，并设置幻灯片播放时自动播放。

4. 改变幻灯片对象播放次序

将第4张幻灯片的标题和表格的出场次序互换。

5. 更改幻灯片的位置

将第2张幻灯片移动到第5张幻灯片之后。

6. 设置幻灯片的切换效果

将所有幻灯片的切换效果设置为"随机"，在单击鼠标时进行切换。再次预览重新设置后的幻灯片的效果。

7. 幻灯片排练计时

（1）对幻灯片进行排练计时，并保存排练计时。

（2）设置幻灯片的放映方式为"在展台浏览（全屏幕）"，自动使用排练计时，循环播放。

（3）查看幻灯片自动播放的效果。

8. 设置幻灯片的动作按钮

在第1张幻灯片中添加动作按钮，当单击该按钮时，自动切换到下一张幻灯片进行播放。

9. 设置超链接

（1）在第3张幻灯片中插入图片"yuanban.gif""xibu.gif"，并将它们置于幻灯片右下角。将图片"yuanban.gif"链接到第6张幻灯片，并设置屏幕提示为"办公室简介"。将图片"xibu.gif"链接到第7张幻灯片，并设置屏幕提示为"系部简介"。

（2）在第6张和第7张幻灯片中插入自定义动作按钮，链接到第3张幻灯片。

10. 在演示文稿中创建视频

（1）在D盘根目录下新建文件夹"幻灯片视频"。

（2）在"美丽校园.pptx"演示文稿中创建视频，并将其保存到新建的文件夹中。

（3）播放视频，观察视频效果，总结利用演示文稿制作视频的经验。

实践任务 3　Microsoft PowerPoint 2016 综合操作

【实验目的】

培养对PowerPoint 2016的综合应用能力。

【实验内容】

1. 综合练习 1

要求：制作 6 张幻灯片，内容分别如下。

（1）使用"电路"主题，所有幻灯片的切换效果为"随机"。

（2）第 1 张幻灯片中有 5 个文字超链接，分别链接到第 2 张～第 6 张幻灯片，其效果如图 5-6所示。

图 5-6　第 1 张幻灯片的效果

（3）在第 2 张幻灯片中输入图 5-7 所示的文字，将文字的进入动画设置为"飞入"，方式为"按段落""整批发送"。

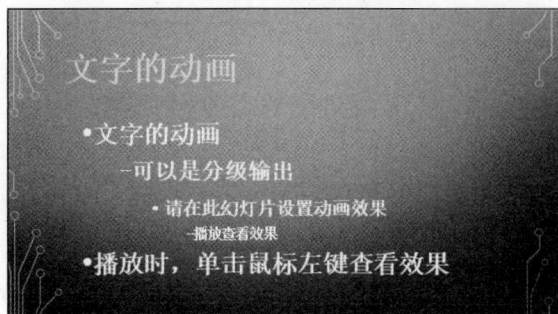

图 5-7　第 2 张幻灯片的文字

（4）在第 3 张幻灯片中插入一个表格，要求表格的文字和边框为黄色。第 3 张幻灯片中的表格内容如表 5-1 所示。

表 5-1　第 3 张幻灯片中的表格内容

姓名	学号	性别	地区

（5）在第4张幻灯片中，绘制自选图形——笑脸、太阳和月亮。将其进入动画设置为"螺旋"效果。其内容如图5-8所示。

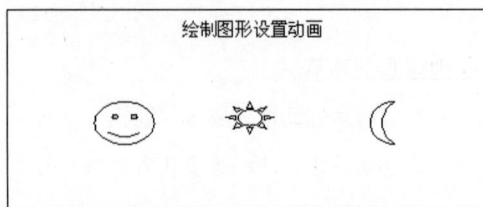

绘制图形设置动画

图5-8　第4张幻灯片的内容

（6）在第5张幻灯片中插入图表，其内容如表5-2所示。

表5-2　第5张幻灯片中的图表内容

	2017级	2018级	2019级	2020级
法律	66	77.8	87	89
中文	68	75	85	87
外语	69	70	74	76
哲学	67.9	86	77	86

（7）在第6张幻灯片中，设置幻灯片背景为双色（蓝色和白色）横向过渡。其内容如图5-9所示。

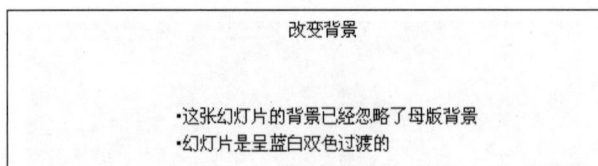

改变背景

·这张幻灯片的背景已经忽略了母版背景
·幻灯片是呈蓝白双色过渡的

图5-9　第6张幻灯片的内容

（8）第2张～第6张幻灯片的右下角均有一个返回动作按钮，动作是指向第1张幻灯片。

（9）将该演示文稿保存在 D 盘根目录下，并将其命名为"****-ZHLX-1.pptx"（注意：****为学号）。

2. 综合练习2

（1）创建名称为"有必要增加上机考试"的演示文稿并保存。

此演示文稿共有5张幻灯片，内容如下。

① 第1张幻灯片内容如下。

有必要增加上机考试（标题）

　　　　王老师

② 第2张幻灯片内容如下。

高分低能现象（标题）

计算机基础课程考试结束后，老师要求学生使用文字处理软件表达对计算机基础课程教学的看法。

在计算机机房，有一学生输入并编辑文件完毕后，想将文件存放在U盘中上交，于是请教老师如何存盘。老师十分惊讶，因为该学生计算机基础课考试的成绩为90分。

③ 第3张幻灯片内容如下。

建议采用的措施（标题）

计算机课程是实践性很强的课程，不仅要学好计算机基础理论知识，还要有较强的实际操作能力。理论知识的高分并不等于实际动手能力也强。因此建议：一方面，加强上机实验课的辅导；另一方面，要求学生在课外多上机练习。

计算机课程除笔试外，还应增加上机考试。

④ 第4张幻灯片内容如下。

增加上机考试的益处（标题）

改变死记硬背理论知识的学习方法，提倡理论与实践相结合的学风，认真学习教材中的操作方法，并上机实践几次，以使知识掌握得更扎实。

督促学生重视上机实际操作能力的培养。

学生必须通过考试以证明对所学知识的掌握程度，学生只有不断上机实践才能通过考试，促使学生重视上机实践。

⑤ 第5张幻灯片内容如下。

总结（标题）

课内外加强上机实践，

有利于理论与实际相结合。

增加上机考试，

督促学生重视上机实践操作能力的培养。

（2）将第1张幻灯片的标题"有必要增加上机考试"更改为红色、幼圆；幻灯片的背景采用"花束"纹理。

（3）将除第 1 张幻灯片外的其他幻灯片的背景色更改为蓝白过渡色（斜下方向）；为每张幻灯片插入演示文稿的制作日期，将标题文字设置为红色、隶书、44 号，将日期文字设置为红色、加粗、24 号。

（4）将第 2 张幻灯片正文移动到右边，在左边插入图片"computer.jpg"，增加一个云形标注（内容为"如何将文件保存到 U 盘中？"）和一个矩形标注（内容为"计算机 90 分"）。

（5）将第 3 张幻灯片正文的下半部分"一方面，加强上机实验课的辅导……增加上机考试。"文本更改为粗体。在幻灯片左下方插入图片（可从联机图片中选择）。将正文的上半部分文末的"建议"两字设置为红色。

（6）在第 4 张幻灯片左上方插入图片"计算机.jpg"。将第 1 段文本移动到右边，将文本"改变死记……的学风"设置为粗体。将第 2 段文本"督促学生……能力的培养"设置为粗体。

（7）将第 5 张幻灯片的文本移动到左边，其中，将"课内加强上机实践""增加上机考试"文本设置为红色、粗体。在幻灯片右方绘制图形。将标题更改为艺术字。

（8）将幻灯片切换方式设计为"窗帘"。

（9）自己设计幻灯片动画效果。

（10）将该演示文稿保存在 D 盘根目录下，并将其命名为"****-ZHLX-2.pptx"（注意：****为学号）。

学习单元6
计算机网络与应用的应用操作

实践任务 1　Microsoft Edge 浏览器的使用

【实验目的】

（1）熟悉 Edge 浏览器的使用及设置。

（2）熟悉搜索引擎的使用。

（3）熟悉网络信息的保存方法。

（4）熟悉收藏夹的管理。

【实验内容】

（1）打开一个感兴趣的网页，并将其添加到收藏夹中。

（2）在 Internet 中，使用百度搜索引擎查找"高职劳动教育"的相关内容。打开搜索到的前 3 个超链接，将这 3 个网页以 PDF 格式保存在本地计算机的 C 盘中，并浏览相应的 PDF 文件。

（3）浏览 http://www.cnnic.net.cn/，将该网页中的"中国互联网络信息中心"的 Logo 保存到 D 盘根目录下，并将其命名为"cnnic.jpg"，将该图片设置成桌面背景。

（4）利用搜索引擎在 Internet 中查找"全国计算机等级考试考试大纲"，并选择感兴趣的考试大纲下载到 D 盘根目录下，文件名自定。

实践任务 2　Microsoft Outlook 2016 的使用

【实验目的】

（1）学会在 Outlook 2016 中设置邮箱账户。

（2）学会利用 Outlook 2016 收发邮件，拓展 QQ 邮箱应用。

【实验内容】

1. 设置邮箱账户

假设 E-mail 地址为 dzswsy01@163.com、账户名为 dzswsy01、密码为 jingmaods01，收发邮件的服务器为 www.163.com。

（1）启动 Outlook 2016，如图 6-1 所示；单击"文件"菜单中的"信息"按钮，进入账户信息界面，如图 6-2 所示。

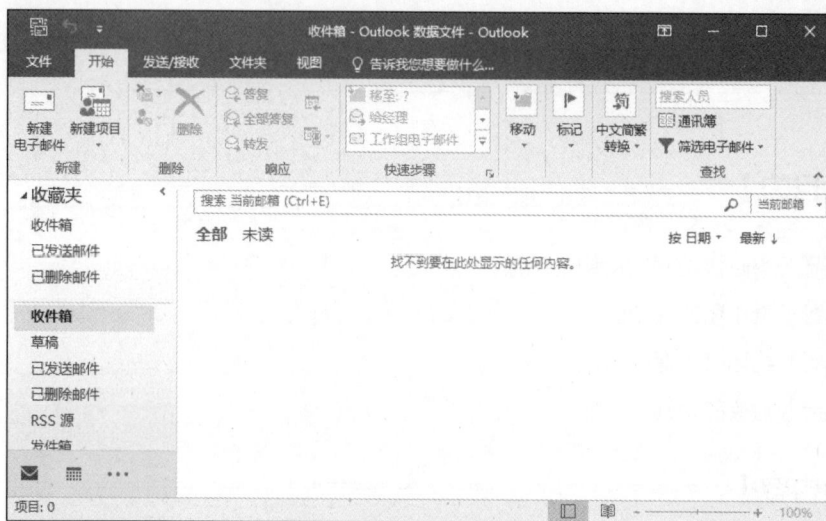

图 6-1　启动 Outlook 2016

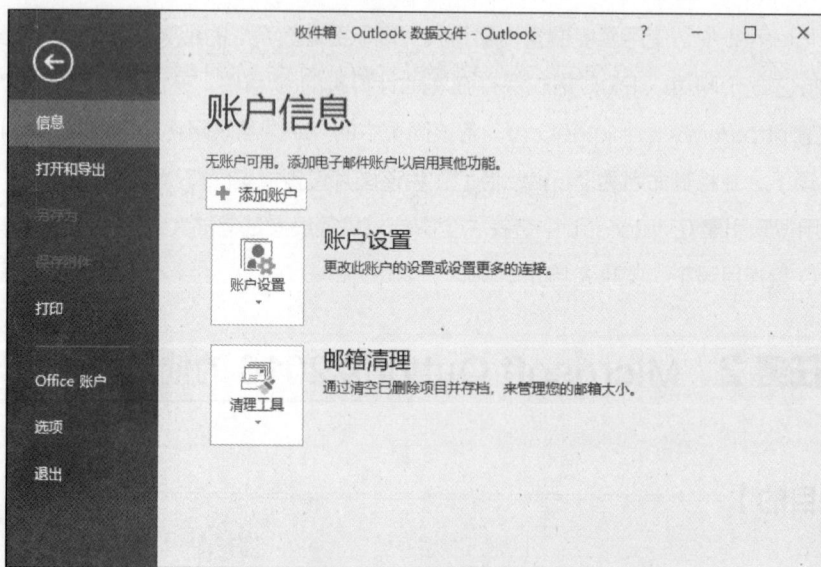

图 6-2　账户信息界面

（2）单击"添加账户"按钮，弹出"添加账户"对话框，如图 6-3 所示。

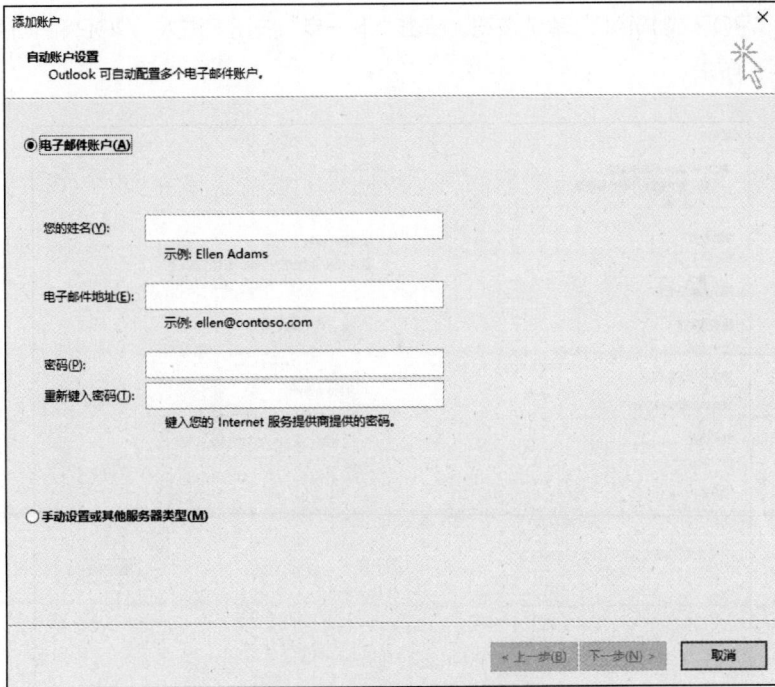

图 6-3 "添加账户"对话框

（3）选中"手动设置或其他服务器类型"单选按钮，单击"下一步"按钮，进入"选择服务"界面，如图 6-4 所示。

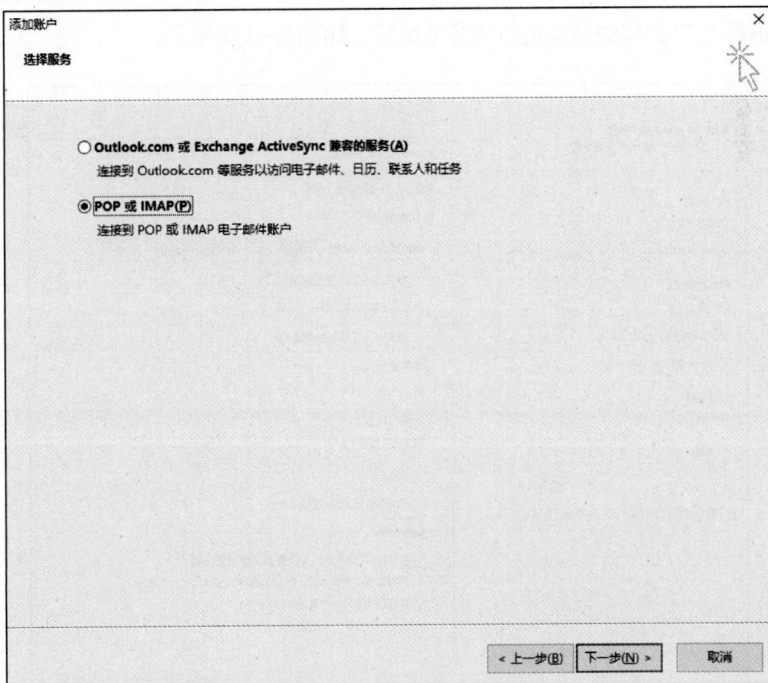

图 6-4 "选择服务"界面

（4）选中"POP 或 IMAP"单选按钮，单击"下一步"按钮，进入"POP 和 IMAP 账户设置"界面，如图 6-5 所示。

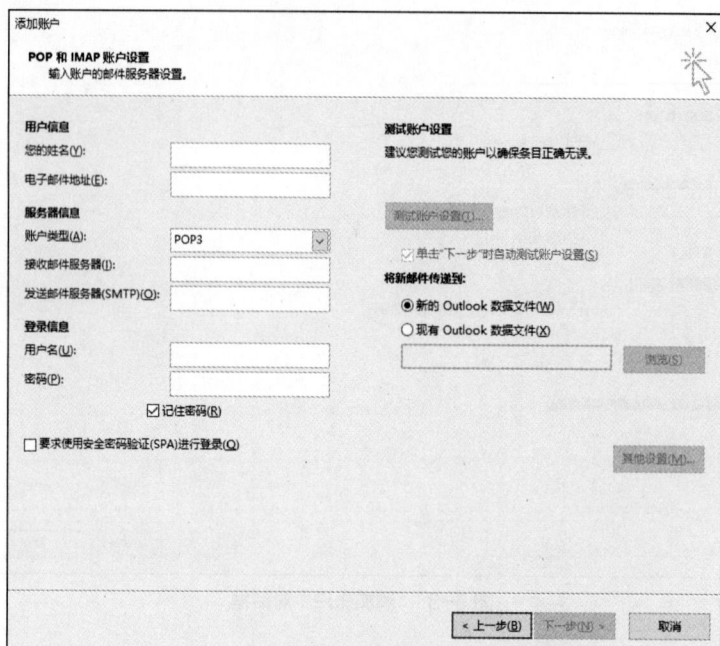

图 6-5 "POP 和 IMAP 账户设置"界面

（5）在"您的姓名""电子邮件地址""用户名""密码"文本框中输入相应的内容，服务器信息及其他设置均根据 ISP 提供的信息进行选择或填写，如图 6-6 所示。

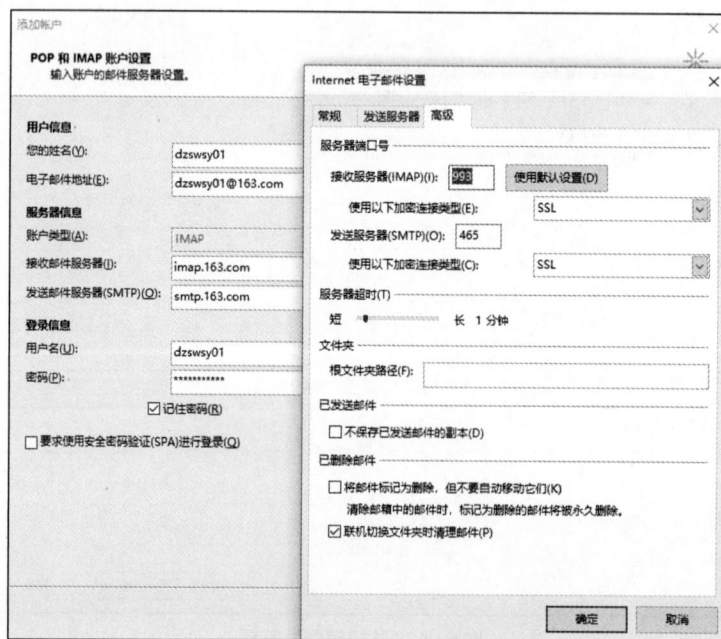

图 6-6 设置 POP 和 IMAP 账户信息

（6）单击"确定"按钮及"下一步"按钮，弹出"测试账户设置"对话框，如图 6-7 所示。

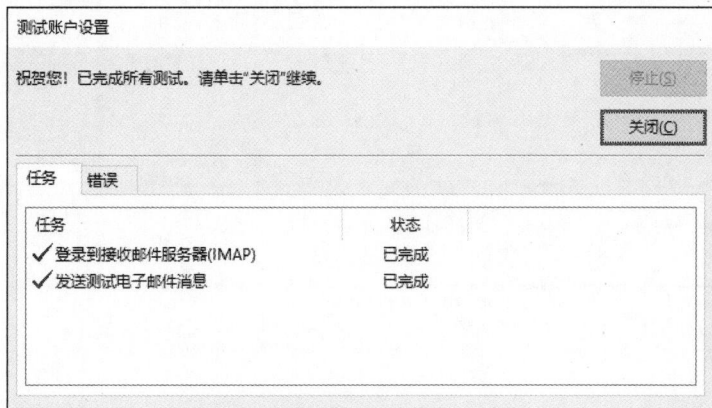

图 6-7 "测试账户设置"对话框

（7）单击"关闭"按钮，即可完成邮箱账户的设置。

2. 创建并发送新邮件

（1）单击"开始"→"新建"组中的"新建电子邮件"按钮；打开新邮件窗口，如图 6-8 所示。

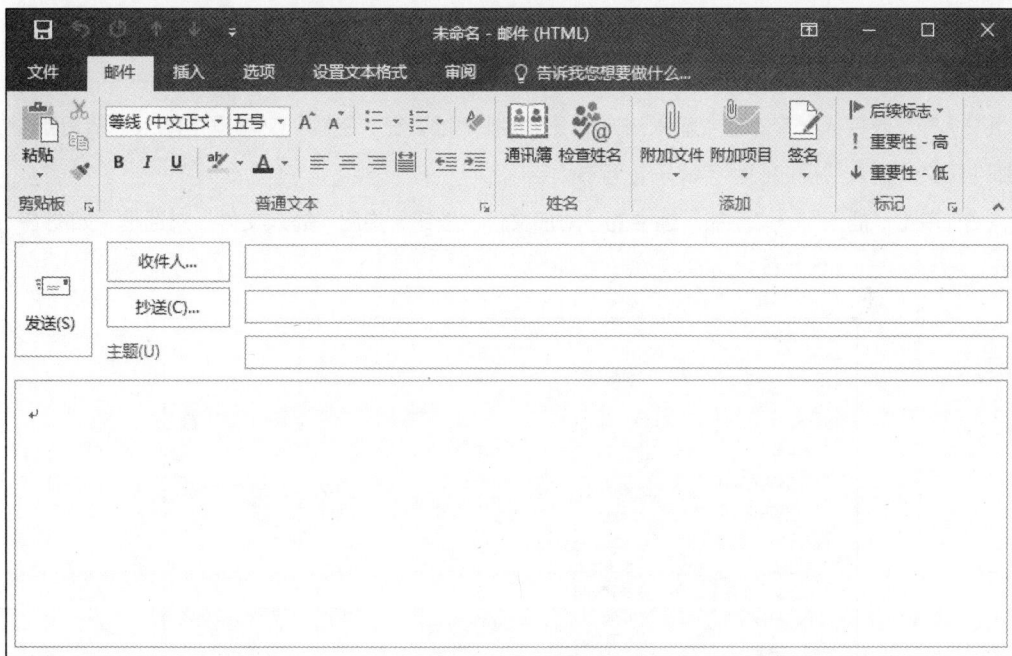

图 6-8 新邮件窗口

（2）在"收件人"文本框中输入收件人的 E-mail 地址，在"主题"文本框中输入"测试邮件"，在邮件正文处输入"你好，注意身体"。

（3）单击"发送"按钮，邮件将会被发送。回到 Outlook 2016 窗口，打开邮件账户的"已发送"文件夹，可以看到刚才发送成功的邮件信息，如图 6-9 所示。

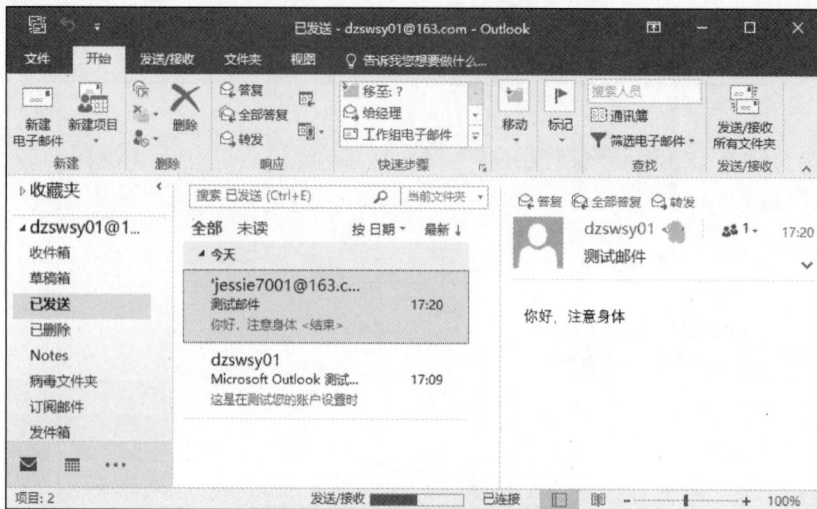

图 6-9　发送成功的邮件信息

3. 发送带附件的邮件

新建一封主题为"恭贺新禧"的邮件，在正文处输入"祝你们新年快乐，万事大吉"，并插入图片"校园 1.jpg"作为附件，将其发送给小张，小张的 E-mail 地址是 jessie7001@163.com，确认无误后发送邮件。

（1）打开新邮件窗口。

（2）在"收件人"文本框中输入对方的 E-mail 地址，在"主题"文本框中输入"恭贺新禧"，在邮件正文处输入"祝你们新年快乐，万事大吉"。

（3）单击"插入"→"添加"组中的"附加文件"按钮，弹出"插入文件"对话框，如图 6-10 所示。

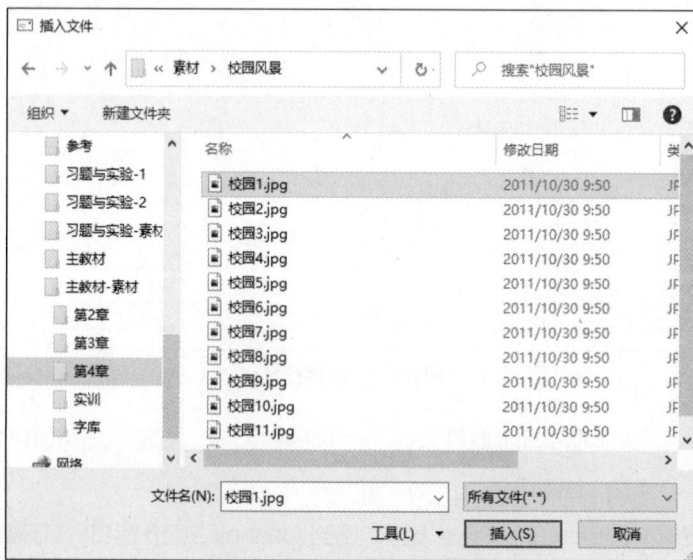

图 6-10　"插入文件"对话框

（4）选择作为附件的文件，单击"插入"按钮，回到新邮件窗口，如图 6-11 所示。

（5）单击"发送"按钮。

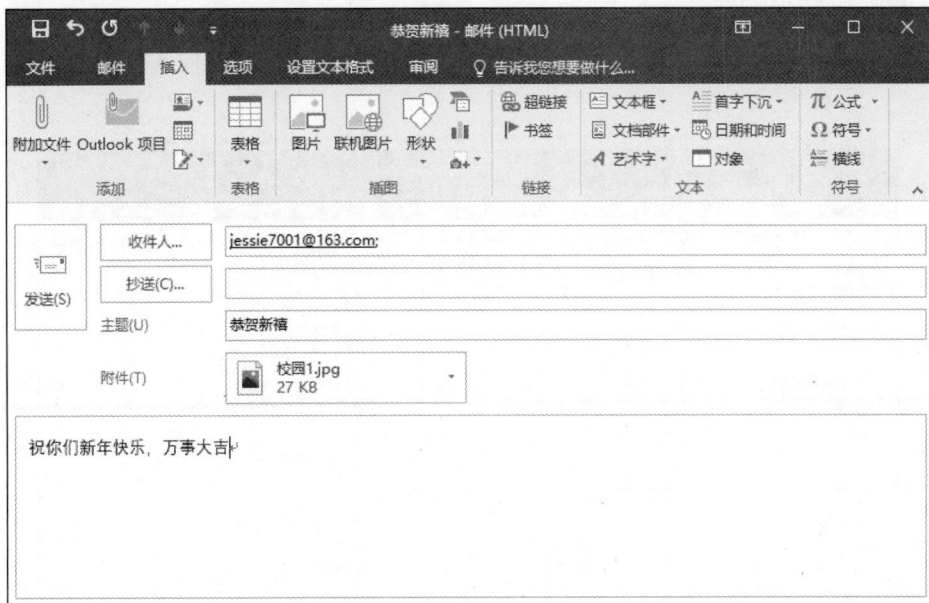

图 6-11　新邮件窗口（带附件）

4．接收和阅读邮件

（1）启动 Outlook 2016。

（2）单击"发送/接收"→"发送和接收"组中的"发送/接收所有文件夹"按钮，进入接收邮件界面，如图 6-12 所示，接收完成后会自动断开连接。

图 6-12　接收邮件界面

（3）接收邮件成功后，打开"收件箱"文件夹，在邮件列表窗格中选择想阅读的邮件，预览窗格中将显示该邮件的内容。

5. 接收邮件中的附件

收件人可收到带附件的邮件，这些邮件在邮件列表窗格中会以回形针符号来标识，如图6-13所示。

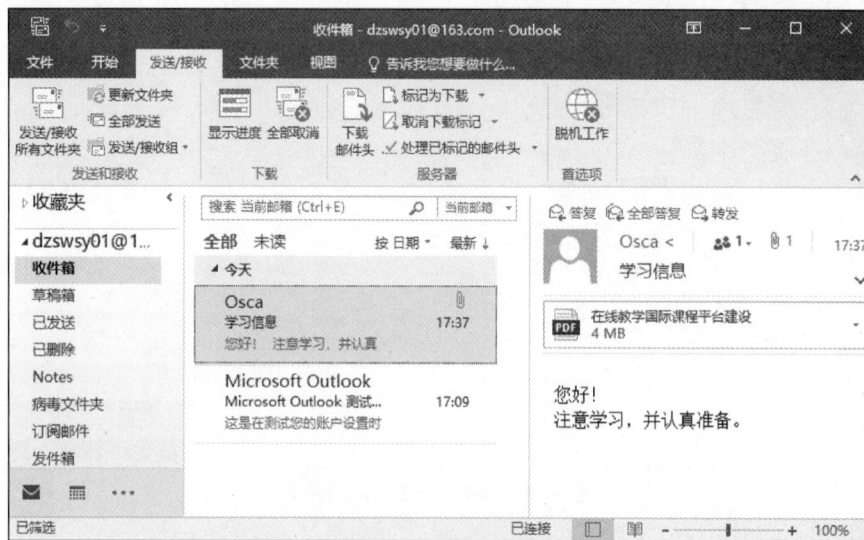

图6-13 带附件的邮件

（1）单击带附件的邮件，此时在预览窗格中的发件人下方会出现附件文件名。

（2）右击附件文件名，在弹出的快捷菜单中选择"另存为"命令，如图6-14所示。

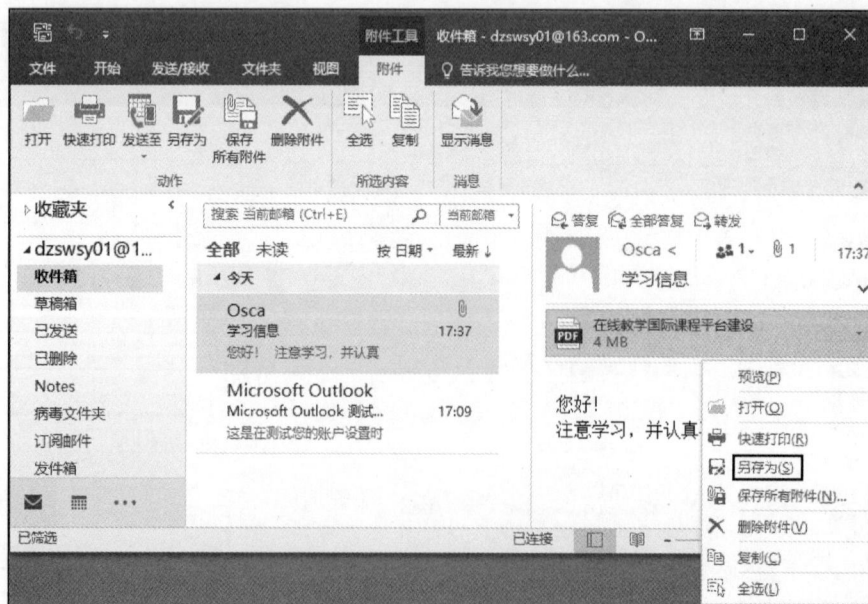

图6-14 选择"另存为"命令

（3）保存附件，此时，直接单击附件名称即可将附件打开。

6. 使用 QQ 邮箱

（1）打开浏览器，进入 QQ 邮箱登录界面，如图 6-15 所示。

图 6-15　QQ 邮箱登录界面

（2）邮箱账号登录。登录 QQ 邮箱系统，如图 6-16 所示。

图 6-16　登录 QQ 邮箱系统

（3）登录成功后，进入 QQ 邮箱系统界面，如图 6-17 所示。

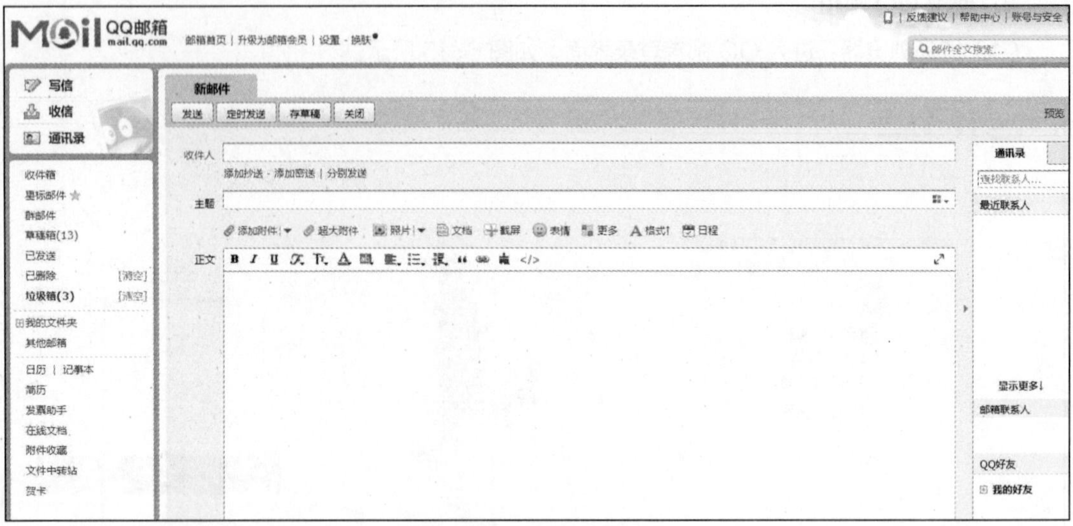

图 6-17　QQ 邮箱系统界面

（4）在 QQ 邮箱系统界面中查看邮件信息，如图 6-18 所示。

图 6-18　查看邮件信息

（5）退出 QQ 邮箱系统。